Christoph Maria Michalski
Die Konflikt-Bibel

Christoph Maria Michalski

DIE KONFLIKT-BIBEL

Wie der Konflikt in die Welt kam und wie Sie ihn steuern

Externe Links wurden bis zum Zeitpunkt der Drucklegung des Buches geprüft.
Auf etwaige Änderungen zu einem späteren Zeitpunkt hat der Verlag keinen Einfluss.
Eine Haftung des Verlags ist daher ausgeschlossen.

Bibliografische Information der Deutschen Nationalbibliothek

Die Deutsche Nationalbibliothek verzeichnet diese Publikation in
der Deutschen Nationalbibliografie; detaillierte bibliografische Daten
sind im Internet über http://dnb.d-nb.de abrufbar.

ISBN 978-3-86936-829-0

Lektorat: Anja Hilgarth, Herzogenaurach
Umschlaggestaltung: Martin Zech Design, Bremen | www.martinzech.de
Titelfoto: Luminis / Shutterstock
Autorenfoto: Dietmar Wadewitz
Satz und Layout: Das Herstellungsbüro, Hamburg | www.buch-herstellungsbuero.de
Druck und Bindung: Salzland Druck, Staßfurt

Printed in Germany

www.gabal-verlag.de
www.facebook.com/Gabalbuecher
www.twitter.com/gabalbuecher

Inhalt

Danke an alle, die mich freundlich, interessiert bis hin zu liebevoll in meinem bisherigen Leben begleitet haben.
Ihr gebt mir Kraft.

Danke an alle, die mich unsympathisch finden, die den Kontakt mit mir abgebrochen und mich verletzt haben.
Ihr gebt mir den Antrieb, mein Profil weiter zu schärfen und täglich voranzuschreiten.

Danke an alle, die mein Buch lesen werden und sich in eine der beiden Kategorien einordnen.
Ich freue mich, Euch kennenzulernen.

Danke für die Unterstützung im Fegefeuer des Autorendaseins an meinen Lektoratsengel Anja Hilgarth.

Leo K.
So wird man Co-Autor oder wie aus einem Zufall Literatur wird!

Hallo, mein Name ist Leo K. Sie wundern sich wahrscheinlich, wer ich bin und warum ich mich bei Ihnen in diesem Buch zu Wort melde. Ich bin überraschend zu einer Art »Co-Autor« geworden, und das auf eine zugegebenermaßen ungewöhnliche Art und Weise.

Um Ihnen zu erklären, wie es dazu kam, hole ich ein wenig aus.

Ich bin heute 28 Jahre alt, mit Anita, einer Psychologin, verheiratet (und trotzdem glücklich!), habe BWL studiert und arbeite für einen großen Energiekonzern. Ich bin geschäftlich viel in Deutschland unterwegs zu den verschiedenen Standorten meiner Firma. Im Herbst 2016, als diese Geschichte ihren Lauf nahm, reiste ich besonders häufig aus Norddeutschland in Richtung Ruhrgebiet. Da ich immer den gleichen Zug nahm, fiel mir bald ein Herr auf, der oft um die gleiche Zeit und auch noch in meinem Großraumabteil reiste – »Auch so ein Gewohnheitstier«, dachte ich mir. Dieser Mitreisende war leicht wiederzuerkennen: immer mit einer Weste gekleidet, graue Haare, Brille, Bart, ein verschmitztes Lächeln um die Lippen. Umgeben von vielen Büchern tippte er lange Textpassagen in seinen Laptop. Unterbrochen wurde diese Tätigkeit nur durch das Hantieren mit einem Kartenspiel: Konzentriert übte er zwischendurch Mischen, Abheben und andere Fingerfertigkeiten.

An einem Mittwochnachmittag saßen wir zufällig gemeinsam an einem Vierertisch. Bei uns saß noch eine Frau mit ihrem etwa zehnjährigen Sohn, der zunehmend quengelig wurde. Der graue Herr holte wieder sein Kartenspiel heraus, verblüffte den Jungen mit ein paar faszinierenden Tricks, erklärte die Grundprinzipien, schenkte dem Jungen das Spiel und bat ihn, den Rest der Fahrt zu üben – für Rückfragen stünde er selbstverständlich zur Verfügung.

Ich war beeindruckt und sprach ihn auf die Karten an, und so kamen wir miteinander ins Gespräch. Ich erfuhr, dass er gerade an seinem ersten Buch schrieb und dafür seine Reisezeit nutzte. Seine ersten Sätze der Vorstellung waren:»Ich bin Mundwerker von Beruf. Andere Leute arbeiten mit den Händen, das sind Handwerker. Ich verdiene mein Geld mit Quatschen!« Er vermied dabei tunlichst die Worte»Trainer«,»Berater« und»Coach«. Darauf angesprochen, meinte er:»Wenn ich Ihr Coach bin, wissen Sie, was Sie dann sind? Mein Coachee. Das klingt doch wie ein Monchhichi!«

Wir plauderten zwanglos noch die restliche Stunde unserer gemeinsamen Fahrt, und als ich ihm erzählte, dass ich gerade an einem Nachwuchsförderprogramm meines Arbeitgebers teilnähme, weil ich im nächsten Jahr eine Führungsposition übernehmen würde, und was ich als Führungskraft anders als meine bisherigen Vorgesetzten machen würde, waren wir schnell beim Thema »Kommunikation«, einem Grundthema seines Buches. Mein Reisebegleiter verriet, aufgrund seiner langjährigen Erfahrungen als Geschäftsführer und Unterstützer in Unternehmen ein einzigartiges System zur Konfliktbewältigung entwickelt zu haben, das er in seinem Buch aufarbeiten wolle. Am Ende der Fahrt verabschiedeten wir uns herzlich mit den besten Wünschen für das weitere Schaffen.

Zwei Wochen später sah ich seine graue Silhouette erneut in der Bahn konzentriert am Laptop arbeiten. Ich grüßte, setzte mich zu ihm und fragte augenzwinkernd, ob er mir nicht auch ein paar Zaubertricks beibringen könne, worauf er lachend antwortete: »Nein, das funktioniert nicht, Sie sind schon zu alt und zu desillusioniert dafür!« Neugierig sprach ich ihn gleich auf den Fortgang seines Buches an. Er erwiderte, dass er etwas hänge und sich wünsche, ein Unbeteiligter aus seiner Zielgruppe würde kritisch drüberlesen, er sehe den Wald vor lauter Bäumen nicht mehr. Da packte ich die Gelegenheit beim Schopf und bot ihm an, genau dieser Jemand zu sein. Er hatte sein System der Konfliktbewältigung bisher zwar nur kurz umrissen, doch das hatte schon so interessant geklungen und mich motiviert, in den vergangenen zwei Wochen die gängige Konfliktliteratur zu durchforsten, auch im Hinblick auf meine spätere Tätigkeit als Führungskraft. Richtig zufrieden war ich mit meinen Rechercheergebnissen nicht und daher begierig, die Erkenntnisse meines schreibenden Zuggenossen zu erfahren.

Der graue Herr, Michalski, wie er sich endlich vorstellte, bedankte sich zwar höflich für mein Angebot, wir tauschten auch E-Mail-Adressen aus, doch ich sah einen Hauch von Skepsis in seinem Blick, den er freundlich kaschierte. Während der gemeinsamen Fahrt sprachen wir nur noch über Belangloses, und als ich ausstieg, hatte ich mein Angebot der Mitarbeit schon fast vergessen.

Umso überraschter war ich, als ich am nächsten Morgen eine Mail von ihm in meinem Firmenpostfach fand mit dem Hinweis, dass er mir Teile seines Manuskriptes an meine private Adresse schicken würde. Ich solle meine Anmerkungen als Marginalie an den Rand schreiben und bitte nicht die Kommentarfunktion des Schreibprogramms nutzen. Er würde ab einer gewissen Kommentardichte den Überblick verlieren und es erinnere ihn zu sehr an korrigierte Hausarbeiten aus der Schulzeit. So hielt ich also nach Feierabend das erste Kapitel seines Buches ausgedruckt in den Händen. Sofort machte ich mich ans Lesen und entsprach seinem Wunsch, meine Anmerkungen handschriftlich auf dem Papier zu notieren. Sie ahnen es: Auf das erste Kapitel folgten weitere, bald war es das ganze Buch, wir führten häufig interessante Telefonate und trafen uns wiederholt in einer Bahnhofslounge.

Auf einem dieser Treffen verblüffte er mich total: Er bat mich, meine Anregungen mitdrucken zu dürfen. Denn diese hätten ihm deutlich gemacht, welche Fragen beim Lesen auftauchen könnten, und er habe der Versuchung widerstanden, daraufhin seinen Text umzuformulieren. Genau dieses Spannungsfeld machte für ihn den Reiz dieser Idee aus: den Leser mit Autorengedanken zu konfrontieren, Widerspruch zu erzeugen und das Ganze von einem »Marginator« auf die Spitze treiben zu lassen.

Ich will Sie mit den weiteren Einzelheiten nicht langweilen.

Auf jeden Fall wissen Sie jetzt, wie es dazu kam, dass ich Sie nun begleite und Sie meine Gedanken am Buchrand mitverfolgen können.

Gutes Lesen!

Christoph M.

So wird man Autor oder wenn eine Leidenschaft zu Papier will!

Ein Buchkauf ist immer eine Herzensangelegenheit. Ich kaufe ein Buch, weil sein Titel, sein Cover und / oder das Thema mich spontan anziehen. Für mich ist ein Buch ein Versprechen, meine offenen Fragen zu beantworten, meine Sehnsucht zu stillen.

Und weil Konflikte mein Herzensthema sind, bin ich immer auf der Suche nach Büchern zu diesem Thema. Mit dem Titelbestandteil »Wie Sie Konflikte …« gibt es Hunderte. Wenn man sie mal ein bisschen ordnet, lassen sich meiner Ansicht nach drei Kategorien (plus eine) finden:

1. Bücher, die den Prozess der Kommunikation auf den Sonderfall Konflikte herunterbrechen,
2. Bücher, die die Konfliktbearbeitung als Mediation sehen,
3. Bücher, die Konfliktmanagement als organisatorische Prozesskette behandeln.

Plus eine: Nicht unerwähnt bleiben darf dabei natürlich der Klassiker, das Handbuch für Führungskräfte, Beraterinnen und Berater von Friedrich Glasl: »Konfliktmanagement«.

In keiner Kategorie fand ich jedoch, was mir im Bereich der Konfliktbewältigung fehlte: ein Navigationsgerät, ein geschlossenes System, das mir Routenführung und Wahlmöglichkeiten bot, mein Ziel zu erreichen. Natürlich auch mit Blick auf ein soziales System, eine Firma oder eine soziale Gruppe, aber hauptsächlich zu meinem eigenen Wohl, zu meinem Lebensglück.

Also nahm ich alle meine privaten und beruflichen Erfahrungen – von A wie Argumentationstraining bis Z wie Zeitmanagement –

sowie meine Führungserfahrung zusammen und schuf daraus ein eigenes ausgeklügeltes System. Dieses einzigartige System der Konfliktsteuerung stelle ich Ihnen mit meiner »Konflikt-Bibel« vor.

An dieser Stelle ein kurzes **Wort zum Titel**. Der verwendete Begriff der »Bibel« beinhaltet keine explizit religiöse oder weltanschauliche Tendenz. Aufgrund des Titels gibt es Analogien aus dem religiösen Kontext, der mich und unsere Gesellschaft zweifelsohne geprägt hat. Kein Problem, diese Passagen können Sie großzügig überlesen oder ausblenden, wenn diese stören oder Sie ihnen nicht zustimmen. Eine »Bibel« ist meiner Ansicht nach die Darstellung einer konsistenten Sichtweise auf das Leben oder Teilbereiche davon. Grob gesagt geht es in der Ur-Bibel um das Verhältnis der Menschen untereinander und den Umgang miteinander. In meiner Version geht es um die innere Einstellung zum Thema »Konflikte«, die grundsätzliche Haltung dazu und die Auswirkungen davon auf unser Zusammenleben. Daraus entwickle ich Handlungsalternativen, die das Leben miteinander geschmeidiger machen.

Der Schreibstil dieses Buches ist ungewöhnlich, leicht rotzig, gespickt mit Verbalakrobatik und kruden Wortkombinationen, die ebenfalls polarisieren – das ist der Sinn des Buches. Für einige Leser könnte dieses Buch durch die fächerartigen Erzähleinschübe ein wenig ausfasern – nicht ärgern, einfach weiterblättern.

Der kontrovers zu diskutierende Stil (und Inhalt) des Buches soll bitte nicht den Blick auf die vorgestellte Systematik trüben. Dieses System befindet sich seit Jahren im Stadium der praktischen Anwendung, erfolgreich und mit ausschließlich positiven Rückmeldungen. Meinen »Sidekick« Leo und seine Rolle in diesem Buch haben Sie ja schon kennengelernt.

Das Buch beginnt mit einer Art **Genesis**, wie der Konflikt in die Welt kam und dass es Fluch und Segen für eine Gesellschaft ist, dieses Phänomen tagtäglich zu erleben.

Daran schließen sich **fünf Thesen zum Konfliktmanagement** an, die das Fundament des Systems bilden. Hier werden bestimmte Annahmen vorgestellt und ausgeführt, die mein grundsätzliches Verständnis von Konflikten skizzieren. In den Thesen wird die von mir entwickelte Konfliktformel ausführlich dargestellt. Sie macht die Wirkzusammenhänge der Einzelkomponenten deutlich und ebenso deren Hebelwirkungen in der menschlichen Interaktion.

Das Wissen um die Sachzusammenhänge heißt allerdings noch nicht, dass der Schritt in die Anwendung, das sogenannte Doing, auch gelingt. Dazu wird anschließend die **CAH[ka:]-Strategie** vorgestellt, die eine schrittweise Anleitung bietet, quasi die einzelnen Stationen der Route beschreibt. Der einfache Aufbau mit dreimal drei Bestandteilen gibt Ihnen eine Struktur an die Hand, die Sie checklistenartig abarbeiten können. Somit erstellen Sie einen Fahrplan, der Ihnen Orientierung und Sicherheit bei der Konfliktbewältigung bietet.

Mittels dieses einfachen Instrumentariums sind Sie nach der Lektüre dieses Buches in der Lage, den Großteil Ihrer Konflikte aktiv zu steuern.

Nachdem Sie die einzelnen Systematik-Bausteine kennengelernt haben, bringe ich Ihnen Beispiele aus Wirtschaft, Politik und Gesellschaft, die mit Querverweisen zu dem vorgestellten Konfliktsystem gespickt sind. So tritt das Ineinandergreifen der einzelnen Bausteine plastischer hervor und Sie tauchen in die vorgestellte Systematik gedanklich tiefer ein. Die angebotene Themenvielfalt bietet jedem Leser Gelegenheit, Anknüpfungspunkte an seine eigene Erlebniswelt zu generieren. Kauen Sie auf den einzelnen Geschichten herum, seien Sie gern anderer Meinung, empören Sie sich über meine Darstellung und bilden Sie sich dadurch Ihre eigene Sichtweise – immer mit dem Fokus auf Ihre individuelle Herangehensweise an diesen Konflikt.

Es gibt im Kommunikationsorbit viele Modelle und Denkweisen, die Berührungspunkte und / oder Reizpunkte mit diesem Buch und seinen Ideen haben. Bitte andocken, diskutieren, nachfeilen und feintunen. Ich verstehe mein Buchprojekt als Open Source, als öffentliche Quelle, an der alle mitarbeiten, um das Phänomen Konflikte zu entschlüsseln und das Miteinander von Menschen »besser« zu gestalten. Klingt idealistisch, soll es auch sein! Nehmen Sie Kontakt mit mir auf, laden Sie mich in Gesprächsrunden ein und treten Sie in jeden Konflikt ein, dem Sie begegnen können. Das Handwerkszeug und die innere Haltung dafür bekommen Sie im Buch!

Ich wünsche den Leserinnen und Lesern nun eine vergnügliche Lesezeit und eröffne das Buch, wie es sich für solch einen Titel gehört, mit den bedeutungsschwangeren Worten:

»Mögen die Konflikte beginnen!«

TEIL 1:
Die Genesis

Wie der Konflikt in die Welt kam

Am Anfang war der Konflikt, direkt nach dem Licht und dem Wort. »Licht« bedeutet Wahrnehmung und das »Wort« meint Rhetorik; zusammen ergibt dies das Phänomen der Kommunikation.

Der Ur-Konflikt

Drei Beteiligte bei der Obstfrage im Paradies: Das muss der Ur-Konflikt gewesen sein. Das Hin und Her der beiden menschlichen Protagonisten nach der »Wahrnehmung« des Baumes, die einflüsternde Stimme eines schlängelnden Dritten (mit ausgezeichneter Rhetorik), die daraus resultierenden inneren Qualen (der Konflikt) von Adam und Eva und letztendlich das, was daraus geworden ist – unsere Welt. Dies alles sind ideale Zutaten für eine der besten Geschichten aller Zeiten. Der Konflikt mit Gott und zwischen Adam und Eva. Alle beide sind Konflikte, nur die Auswirkungen waren unterschiedlich.

Die Vertreibung aus dem Paradies und die seitdem vorherrschende Sehnsucht nach Glück, Harmonie und Vervollkommnung bilden den Grundstock für all unser Handeln und Verhalten in der Welt.

Wer es weniger religiös haben will, sieht es aus dem Blickwinkel der Evolution und deutet den Ur-Konflikt so:

Sich ändernde Umstände und Rahmenbedingungen sowie Naturereignisse zwangen die Lebewesen vor Hunderten von Millionen von Jahren, sich ihrer neuen Umwelt anzupassen. Zu welchen Konflikten mag es geführt haben, als der erste Fisch an Land ging?

Das kenne ich aus Veränderungsprozessen in der Firma – Klassiker des Verharrens, wie bei der Schlange Kaa bei Walt Disney.

Was haben wohl seine Artgenossen dazu gesagt: »Das macht man nicht! Das geht so nicht! Wo kommen wir denn da hin, wenn das alle machen würden! Der wird schon wieder zurückkommen! Das ist ja nicht normal!«

Überlebt haben dann die Spezies, die in bewusstem Widerstand zu ihrer Umwelt und den vorhandenen Bedingungen gegangen sind, die also den Konflikt heraufbeschworen haben. (»Mir egal, ich geh trotzdem!«) Wer recht behalten hat von den »Hütern des Bewährten« und den »Kreativen des Chaos«, ist ja immer nur im Nachhinein zu bewerten. Außerdem hilft hier das psychologische Phänomen des selektiven Vergessens: Je nach Standpunkt erzählen wir nur die Erfolgsstorys und blenden das Unangenehme, das Scheitern und die Blamage aus.

Nun, wo der Konflikt schon mal in der Welt war, fand und findet er mannigfaltige Möglichkeiten, sich auch zu zeigen.

Konflikte in der Menschheitsgeschichte

Wenn Sie sich die Geschichte der Menschheit anschauen – nur Ärger und Stress. Die Geschichtsbücher sind voll von Kriegen, Verfolgungen und dem Durchsetzen der eigenen »geheiligten« Wahrheit. Einzelschicksale spielen dabei keine Rolle, ja, sie gehen sogar auf in der Opferbereitschaft des Individuums für das große Ganze.

Mein Vater war Geschichtslehrer in der ehemaligen DDR und nach seiner Flucht vor dem Mauerbau dann auch in der Nähe von Göttingen tätig. Für mich war er ein Lehrer mit Leib und Seele, akzeptiert von Schülern und Eltern, einer der Honoratioren des Ortes. Dann ließ er sich an die Grundschule versetzen mit dem Argument: »Warum soll ich Geschichte unterrichten, die Menschen lernen doch nichts daraus! Die Kleinen sind noch begeistert, die Welt kennenzulernen – eine dankbare Aufgabe!«

Er hat ja recht – es mutet schon seltsam an, wenn Länder (schon wieder oder immer noch) mittels Krieg versuchen, Frieden zu schaffen. Kein Mensch käme auf die Idee, nach dem Genuss einer Peperoni die Schärfe mit einer Chilischote abzumildern. Die Geschichtsbücher sind trotzdem voll von solch irrsinnigem Vorgehen. So bleibt es ein frommer Wunsch, Lehren aus der Geschichte zu ziehen und Vergangenes als Nährboden für zukünftige Entwicklung zu sehen.

Sehe ich nicht ganz so schwarz – es verändert sich viel in der Gesellschaft.

Konflikte in den Medien

Literatur, Dichtung und Fernsehen sind gespickt mit Werken, in denen es immer um einen Konflikt geht, eine Zerrissenheit, die den Leser sinusartig durch die Wellen der Leidenschaft und Enttäuschung mitnimmt. Wir Konsumenten scheinen das zu brauchen. Beim Fernsehen üben Thriller eine angenehm schaudernde Faszination auf den Bildschirmbetrachter aus. Selbst bei Formaten, die die Fremdschämtaste aktivieren, pendelt das Gefühlsleben zwischen der Ungläubigkeit »Das haben die jetzt nicht wirklich gemacht!« und der Distanzierung »Würde ich ja nie tun!«. Messie-Wohnungen, Berufsgruppe sucht Frau, Deutschland sucht den Superkünstler … Dabei taucht die Frage auf, ob ich, der Adam, den Bildschirm-Apfel von Eva, der liebreizenden Moderatorin, nicht auch essen würde – im Tausch gegen Ruhm oder Geld. Das ist der Fremdschämfaktor, ob wir uns der Lächerlichkeit preisgeben wollen im Tausch gegen Berühmtheit und Huldigung von Fremden.

Bild Dir Deine Meinung

Wenn ein entsprechendes Angebot käme ☺

Innere Konflikte

Von Weitem betrachtet sind auch unsere intimen Beziehungen, die wir im Laufe des Lebens eingehen, eine »neverending story« von Konflikten. Die neurotischen im Sinne von auffälligen Beziehungsmuster prägen sich in den ersten drei Jahren unserer Kindheit. Wenn sie uns unbewusst bleiben, drängen sie auf Wiederholung oder sie schüren die Sehnsucht nach dem Gegenteil. So erleben wir permanent einen Konflikt zwischen den eigenen Wünschen und den irdischen Gegebenheiten, zwischen Schein und Sein, Anziehung und Abstoßung, zwischen dem, was wir haben, und dem, was wir uns wünschen.

Davon kann Anita ein Lied singen, davon leben wir.

Konfliktauslöser

Apropos Buchstaben: Ein Buchstabendreher kann den ganzen Satz urinieren!

Die »Exegese« ist die Auslegung und Interpretation von Texten. Im Sprachgebrauch des Alltags wird sie meistens auf religiöse Texte gemünzt, meint aber ebenso juristische und andere Texte. Die Gefahr bei einer Textauslegung ist immer, dass etwas in den Text hineininterpretiert wird, was gar nicht darin steht und eventuell oder garantiert nicht so gemeint war. Das dann im Anschluss zur Quelle von Konflikten wird.

An einem Urtext der Bibel lässt sich noch ein weiterer Reaktionsmechanismus darstellen: lesen, dann aus dem Kontext reißen und für eigene Zwecke variabel interpretieren. Eine Stelle im Neuen Testament wird z.B. regelmäßig zur Rechtfertigung von Gewalt benutzt, wenn es darum geht, eigene Interessen durchzusetzen. Es ist Matthäus 10,34 ff.: »Ich bin nicht gekommen, Frieden zu senden, sondern das Schwert.« Die Aggressoren, also diejenigen, die das Schwert führen, sehen anhand dieses Satzes Jesus als Kriegsherrn, der seine Meinung mit Waffengewalt durchsetzt. Die Märtyrer sehen diese Aussage als Aufforderung, sich darauf vorzubereiten, dass die Verkünder des Evangeliums angefeindet und mit Waffen bedroht werden. Das »Schwert« als Kern des Konflikts steht jedoch, wenn man den Kontext betrachtet, für die Entzweiung von Menschen, die dadurch eine Position beziehen und miteinander um Frieden ringen müssen, und hat nichts mit der martialischen Waffe zu tun.

Für meine nächste Diskussion über Religion in der Fußgängerzone

Ein weiterer Auslöser für Konflikte sind Reizüberflutung und zunehmende Informationsdichte, die uns immer stärker, immer schneller in Entscheidungen stürzen, die wir kaum überblicken können. Die Innovationszyklen von Technik, modernen Formen des Zusammenlebens und Interaktionen laufen rasanter, als sich unsere DNA anpassen kann. Die Dinosaurier hatten Millionen Jahre der Anpassung. Wir in unserem Zeitalter haben nur noch Jahrzehnte, ja sogar nur Jahre. Diese Entwicklung hat keine Darstellung mehr als lineare Gerade, sondern kickt die Geschwindigkeit exponentiell nach oben.

Das merke ich jeden Tag, wie dünnhäutig die Kollegen werden.

Als ich mit meiner Familie 1992 nach Ostdeutschland ins Seebad Prerow / Darß zog, legten wir uns ein C-Netz-Telefon zu, einen sechs Kilogramm schweren Koffer. Zu Weihnachten flackerten beim Telefonieren die Lichterketten am Baum, obwohl ich deren Stecker ungläubig in der Hand hielt. Kein Wunder bei 15 Watt Sendeleistung des Funktelefons damals, aktuelle Handys kommen auf ein bis maximal zwei Watt. Eines Tages telefonierte Tante Sophie auf unserer Treppe mit ihrer Freundin im Schwarzwald. Ich werde dieses Bild nie vergessen: Eine Frau, Geburtsjahr 1898, dem Todesjahr von Bismarck, hat Kaiserzeit, zwei Weltkriege und die Teilung und Wiedervereinigung Deutschlands erlebt, genauso wie fließendes Wasser im Haus, Eisenbahn, Elektrifizierung und den Beginn des Informationszeitalters. Und nun sitzt sie da und telefoniert wie selbstverständlich mit einem Kasten ohne Kabel dran.

Wie hängen ein Bleistift und eine Musikkassette zusammen? Google sagt: BANDSALAT auffädeln!

Vielen von uns wird gar nicht bewusst, welche gewaltigen Entwicklungsschritte in den nächsten Jahren auf uns zukommen werden. Dies wird auch das Zusammenleben und das Miteinander-Auskommen nicht einfacher gestalten. Wir Menschen sind Gewohnheitstiere. Wir nutzen begierig die neuen Möglichkeiten, ohne die Zeit zu bekommen, deren Integration in unser soziales Umfeld zu vollziehen.

Das führt notgedrungen zu einer Anhäufung von Konflikten, die vor der Lösung schon ad absurdum geführt werden.

Ich schließe diese Genesis der Konflikte mit einer nachdenklichen Betrachtung des Psalms 85,11:

»*Güte und Wahrheit sind sich begegnet! Gerechtigkeit und Frieden haben sich geküsst / bekämpft.*«

»Küssen oder kämpfen«? Steht das wirklich da?

Die Übersetzung der hebräischen Verbform »nahaqu« kann sowohl von der Grundform des Verbs »küssen« als auch des Verbs »kämpfen« abgeleitet werden. Scheinbar liegt beides so nah beieinander, peitscht es uns aus unserem Alltagstrott, lässt den Blutdruck steigen und bringt intensiven Austausch hervor. Beide Begriffe beinhalten hohe Kontaktdichte, körperliche Nähe und emotionale Verbundenheit. Es sind also keine Gegensatzpaare, wie wir landläufig meinen, die nur ein Entweder-oder zulassen. Auch der Begriff »Hassliebe« zeigt diese Ambivalenz auf, eine Verknüpfung gegensätzlicher Wertungen, Eros und Thanatos verbinden sich zu einer faszinierenden Mixtur.

Somit wird aus dem Doppelsinn des »nahaqu« deutlich, dass mit der viel gepriesenen Liebe automatisch der Konflikt verbunden ist.

Damit meine ich garantiert nicht die Ehe von Elizabeth Taylor und Richard Burton – die küssten und schlugen sich!

Lassen Sie uns im nächsten Kapitel einen Blick auf die oft ausgeblendete Seite von Konflikten werfen.

Warum der Konflikt auch gute Seiten hat

Die dunkle Seite der Macht gegen die helle Seite, Gut gegen Böse – den meisten Menschen fällt beim Stichwort »Konflikte« die trennende Seite als erste ein. Das reicht vom persönlichen Bereich (dem inneren Konflikt), dem in der Familie, in der Nachbarschaft über den auf der Arbeit, im Verein und in der Freizeit bis hin zum gesellschaftlichen und schließlich globalen. Niemand käme auf die Idee, den Konflikt zu loben, ihn als Quelle von Entwicklung zu bezeichnen oder sogar als Inspiration für Neues. Kaum ein Mensch wacht morgens auf und sagt zu sich: »Guten Morgen, ich freue mich auf die tagsüber auftretenden Konflikte, weil sie mich weiter nach vorn bringen und mir helfen!« Konflikte haben eben einen äußerst schlechten Ruf.

Nie drüber nachgedacht – da bin ich gespannt.

Negativmeldungen fallen mehr auf, rütteln wach – lesen Sie die Schlagzeilen der Zeitungen und Zeitschriften, verfolgen Sie die Aufmacher von Nachrichtensendungen und Magazinen! Was unsere Aufmerksamkeit fesselt, sind Schreckensmeldungen und Ereignisse, von denen wir sagen können: »Gut, dass uns das nicht persönlich betrifft!«

Der Konflikt als Fluch und Segen

Schon als Kinder machen wir die Erfahrung, dass unsere Schilderung über das schöne Bild im Kunstunterricht zu Hause weniger Aufmerksamkeit erhält als die Nachricht, dass wir beim Spielen in der Pause ein Loch in die Hose geratscht haben. Eltern nehmen einen Elternsprechtag in der Regel nicht wahr, wenn in der Schule

Warum eigentlich?

alles normal läuft. Aber wenn der Lehrer zur Krisensitzung ruft, dann … Im ersteren Fall der Normalität sind die Entwicklungsmöglichkeiten des Kindes stark eingeschränkt, weil die positive Diskussion nicht aufgenommen, die zarte Pflanze nicht weiter gegossen wird. Erst bei drohender Nichtversetzung oder ähnlich akuten Situationen wird man aktiv und setzt sich auseinander, dann aber ruckzuck – davon leben die Nachhilfeinstitute. Deren Geschäftsmodell floriert besonders drei Monate vor Zeugnisausgabe. Auf eine drohende Katastrophe der Nichtversetzung wird mit hektischem Aktionismus geantwortet, der Nürnberger Trichter aktiviert. Diese Art der Konfliktvermeidung ist segensreich, wenngleich auch die zeitliche Kompression vor Zeugniskonferenzen von lautem Fluchen der Kinder begleitet wird.

Damit habe ich mein Studium finanziert.

Zoomen wir mal heraus auf den gesellschaftlichen Fokus. Die Auswirkungen von gesellschaftlichen und politischen Konflikten zeigen sich hier in einem Zeithorizont von Generationen. Deshalb treffen individuelle Schicksale die Bedeutung von gesellschaftlichen Konflikten nur am Rand.

Zum Wesen von Konflikten gehören Schmerzen. Die Umkehrung ist fatal – um Schmerz zu vermeiden, werden Konflikte vermieden. Als Führungskraft werde ich Schmerzverursacher im TEAM fördern und schützen!

Betrachten wir die Sache anhand einer Revolution: Eine Revolution ist ein radikaler und grundlegender struktureller Wandel in und von Systemen. Dieser kann in Herrschaftssystemen, in der Sozialordnung eines Staates, in Wirtschaft, Technik und Wissenschaft vor sich gehen. Dies wird in der Regel positiv gesehen. Bei der Frage, ob die Französische Revolution Fluch oder Segen für die Menschheit war und ist, gehen die Meinungen jedoch weit auseinander. Hier wird noch einmal der vorhin genannte Aspekt der Zoomperspektive deutlich. Unmengen an Blut sind geflossen und Menschen erlitten kaum ertragbares Leid während dieser wirren Zeit. Für Historiker gelten die Schlagworte »Liberté, égalité, fraternité« (Freiheit, Gleichheit, Brüderlichkeit) als folgenreichste der neuzeitlichen europäischen Geschichte und als Geburtsstunde (in diesem Zusammenhang von beginnendem Leben zu sprechen, klingt allerdings kurios) der Demokratie. Denn der Sturz des feudal-absolutistischen Ständestaats und die aufkeimenden Ideen der

Aufklärung als Grundlage der Menschenrechte zogen tiefgreifende macht- und gesellschaftspolitische Veränderungen in ganz Europa nach sich. Unser modernes Demokratieverständnis fußt auf diesen zehn Jahren des blutigen Umbruchs. Wir als Individuen profitieren heute von dieser Umwälzung auf angenehme Art und Weise. Von 1789 bis 1799 möchte ich nicht in Frankreich gelebt haben.

Trägt nun der Konflikt seinen schlechten Ruf zu Recht? Ich sage: »Nein«, denn ein Konflikt hat viele positive Funktionen.

Der Konflikt als Segen für die Gesellschaft

Konflikte übernehmen in unserer Gesellschaft verschiedene Funktionen, die ich grob gerastert darstellen werde. Ich halte mich da an die Systematik von Sascha Bark in seinem sehr empfehlenswerten Buch »Zur Produktivität sozialer Konflikte«.

Ordnung und Stabilität

Als Erstes gibt es die Ordnungs- und Stabilisierungsfunktionen von Konflikten für Beziehungen, Gruppen und die Gesellschaft.

Jeder von uns kann sich daran erinnern: Beim Start in intime Beziehungen war der erste größere Streit nach der rosaroten Wolkenzeit die Weggabelung und / oder ein Stolperstein. Nicht nur Eheberater berichten, dass überstandene Krisen das Band der Liebe eher enger knüpfen, weil sich dadurch Belastungsfähigkeit und Verlässlichkeit zeigen.

Das ist ein reinigendes Gewitter – nach dem Konflikt = Klarheit.

Das Gleiche gilt für Gruppen bzw. Vereine, die sich nach dem Abstieg in untere Spielklassen zusammengerauft haben und über den Gemeinschaftsgeist, beim Sport im wahrsten Sinne das Zusammen-*schweiß*-en, wieder zu alter Stärke gefunden haben. Der

Wirkmechanismus gilt auch bei Gemeinschaftsaktivitäten wie der »Kinderspielplatz-Renovierung«, wenn Alphamännchen sich über Baupläne und Werkzeugeinsatz aneinander gerieben haben und dann später als beste Kumpel den gemeinsamen Erfolg beim Bierchen feiern.

Gesellschaftliche Konflikte übernehmen weiterhin eine Stabilisierungsfunktion innerhalb der gesellschaftlichen Ordnung. Eine Wahl ist nichts anderes als eine ritualisierte Form des Konflikts. Denn so werden Machtverhältnisse in ein Konstrukt gegossen, das eine zielgerichtete Weiterentwicklung der Gesellschaft ermöglicht. Permanente Konfliktaustragung lähmt das politische Leben eines Landes, wie sich 2017 in Spanien nach einer zehnmonatigen Regierungskrise zeigte. Das traf zum Jahreswechsel 2017/2018 auch für Deutschland zu.

Entwicklung und Wandlung

Als zweiten Bereich erwähne ich die Entwicklungs- und Wandlungsfunktion sozialer Konflikte.

Nehmen wir hier ein Beispiel aus dem Unternehmenskontext. Die gesamte Businesswelt ist elektrisiert von der 4.0-Welle – Arbeitswelt 4.0, Personalentwicklung 4.0, Empowerment 4.0, Changemanagement 4.0. »4.0«, das meint die komplette Digitalisierung. Im Bereich der Industrie bedeutet das die Verzahnung von Produktion mit modernster Kommunikations- und Informationstechnik. In der Arbeitswelt 4.0 gibt es eine Rubrik, die sich »agile Führung« nennt. Ein Ideenfragment innerhalb dieses Human-Resource-Bereiches ist die Personalauswahl durch bestehende Kollegen – der Einstellungsprozess wird demnach durch das zukünftige Team gesteuert. Sie ahnen, dass dieser Prozess stark konfliktbehaftet ist. Allein schon die Beschreibung des Anforderungsprofils für ein Stelleninserat bedeutet einen hohen Grad an Auseinandersetzung miteinander; ein Ringen, das an ein kleines gallisches Dorf inmit-

Besteht da nicht die Gefahr der Gleichgesinnten, also keine Entwicklung?

ten einer Besatzungszone erinnert. Dieser bewusst herbeigeführte soziale Konflikt eröffnet jedoch auch Chancen in Hinblick auf ein konstruktives Miteinander und treibt ein Team auf eine höhere Stufe der Verantwortung.

Die Erweiterung einer Gruppe kann durchaus auch die Auflösung einer anderen Gruppe, also eine Wandlung, nach sich ziehen. Als Jugendlicher erlebte ich das, als meine Zündapp-GTS-50-Gang durch die angeblich viel coolere Honda-Dax-ST50G-Gang einen erheblichen Mitgliederschwund zu verzeichnen hatte. Viertaktmotor und einfachere Tuningmöglichkeiten lieferten technisch gesehen einfach die besseren Argumente. Gerade bei Biker-Gangs ist aber auch das Phänomen zu beobachten, dass Konflikte die Hierarchiestrukturen festigen und die Verschworenheit der Zweiradenthusiasten fördern. Born to be wild!

Da kann sich keiner mehr hinterher aus der Verantwortung stehlen, wenns schiefläuft. Eine Trennung vom Neuen läuft dann nur über den menschlichen Faktor. Den Prozess haben ja »wir« designt.

Reflexion und Validierung

Dies führt zu einem weiteren Aspekt, der die Produktivität von Konflikten unterstreicht – die Reflexions- und Anzeigefunktion.

Diejenigen, die gegen Strukturen aufbegehren, heben die jeweils gültigen Normen und Regeln ins Bewusstsein der Gesellschaft. In diesem Zusammenhang findet eine Überprüfung des Kodex statt, inwieweit die Regeln und Normen noch angemessen sind.

Ist das die sogenannte trügerische Ruhe vor dem Sturm?

Im Jahr 2015 tauchte diese besondere Eigenart von Konflikten im Zusammenhang mit der Flüchtlingspolitik auf. Betrachtet man diese Prozesse mit einer Lupe, so zeigt sich, dass gerade hier auch sehr ätzende Phasen der Auseinandersetzung auftraten, die von Populismus und Marktschreierei geprägt waren. Demagogen und Rattenfänger kamen auf und versuchten, die Ängste und Stimmungen eines Volkes für ihre Ziele zu nutzen. Hier wird die Validierungs-, die Anzeigefunktion eines Konflikts deutlich – sind wir ein Rechtsstaat? Bezeichnen wir uns als sozial auf der Basis eines humanistischen Weltbildes christlicher Prägung? Sind gemeinschaftlich getroffene Übereinkünfte besser als die Vorgaben eines Einzelnen? Konflikte sind ein Seismograf für das innere Verständnis einer Gesellschaft.

Da sind einige Konflikte notwendig, damit ein paar Sachen bei uns geklärt werden!

… … …

An diesem Abriss verschiedener Funktionen eines Konflikts innerhalb der Gesellschaft werden die berühmten zwei Seiten einer Medaille deutlich. Je nach Betrachtungswinkel spielt der Zeithorizont eine entscheidende Rolle. Wie eingangs erwähnt, empfindet das Individuum innerhalb einer Gesellschaft soziale Konflikte eher als Nachteil für sich selbst: Meine soziale Absicherung ist gefährdet in Zeiten des Wandels, ich erleide persönliche Härten, weil Rahmenbedingungen wie zum Beispiel das Kindergeld geändert werden. Wer sein Auto während des Monatswechsels von April zu Mai im Hamburger Schanzenviertel parkt, kann mit Sicherheit seinen nächsten Werkstattbesuch planen, weil Vermummte daran ihre Meinung brachial kundgetan haben. Vergrößern wir den Blickwinkel und die Zeitachse, wird deutlich, dass durch das gemeinsame Ringen der Menschen ein gesellschaftlicher Konsens entsteht. Ob diese Übereinkunft dann mit meinen Wertvorstellungen übereinstimmt, …

Kommt daher die Politikverdrossenheit? Die Jeder-nur-für-sich-Mentalität?

Konflikte im Spiegel der Jahrtausende

Konflikte haben ihren Anteil an der Produktivität einer Gesellschaft – folgt man den hochgeistigen Pflastersteinen der Jahrtausende, wird deutlich, dass unser heutiges Leben entscheidend durch das Vorhandensein von Konflikten geprägt ist.

»Das Auseinanderstrebende vereinigt sich und aus den verschiedenen Tönen entsteht die schönste Harmonie und alles entsteht durch *den Streit.«* Diese Erkenntnis des Herakleithos, besser bekannt als Heraklit, ist schon über 2500 Jahre alt.

Immanuel Kant geht im Kapitel 1 seiner »Idee zu einer allgemeinen Geschichte in weltbürgerlicher Absicht« ausführlicher auf die schöpferische Kraft von Konflikten ein: *»Dank sei also der Natur für die Unvertragsamkeit, für die mißgünstig wetteifernde Eitelkeit, für die nicht zu befriedigende Begierde zum Haben oder auch zum Herrschen! Ohne sie würden alle vortrefflichen Naturanlagen in der Menschheit ewig unentwickelt schlummern. Der Mensch will Eintracht; aber die Natur weiß besser, was für seine Gattung gut ist: sie will Zwietracht. Er will gemächlich und vergnügt leben; die Natur will aber, er soll aus der Lässigkeit und untätigen Genügsamkeit hinaus sich in Arbeit und Mühseligkeiten stürzen, um dagegen auch Mittel auszufinden, sich klüglich wiederum aus den letztern heraus zu ziehen. Die natürlichen Triebfedern dazu, die Quellen der Ungeselligkeit und des durchgängigen Widerstandes, woraus so viele Übel entsprangen, die aber doch auch wieder zur neuen Anspannung der Kräfte, mithin zu mehrerer Entwickelung der Naturanlagen antreiben, verrathen also wohl die Anordnung eines weisen Schöpfers; und nicht etwa die Hand eines bösartigen Geistes, der in seine herrliche Anstalt gepfuscht oder sie neidischer Weise verderbt habe.«*

Natürlich darf auch Darwin nicht fehlen, der Konflikte um knappe Ressourcen als Selektionskriterium der Natur ansah, Stichwort »survival of the fittest«. Dieser vom britischen Sozialphilosophen Herbert Spencer geborgte Begriff versteht unter »Fitness« übrigens den Grad der Anpassung und nicht die körperliche Tüchtigkeit eines Turnvaters Jahn. Muskeln allein sichern nicht das Überleben einer Art, sondern die geschmeidige Raffinesse im Fluss des Lebens erhöht die Chancen auf den Fortgang der Spezies.

Als letzten Infotupfer erwähne ich den zarten Zweig der Konfliktsoziologie. Der Soziologe Georg Simmel fragt in seinem 1908 erschienenen Buch »Soziologie. Untersuchungen über die Formen der Vergesellschaftung« im Kapitel IV (»Der Streit«), ob nicht der

Aus Dissonanz entsteht Harmonie – wie in der Musik: Dominantseptakkord zu Tonika. Blockflötenunterricht als Lehre des Lebens. ;-)

Trennung von Mensch + Natur = er + es

Das wusste ich nicht! Warum laufen dann so viele Führungskräfte Marathon?

Kampf selbst schon, ohne Rücksicht auf seine Folge- oder Begleiterscheinungen, eine Vergesellschaftungsform ist. Konflikte sind das Lebenselixier einer Gesellschaft: »*Eine Gruppe, die schlechthin zentripetal und harmonisch, bloß ›Vereinigung‹ wäre, ist nicht nur empirisch unwirklich, sondern sie würde auch keinen eigentlichen Lebensprozess aufweisen; die Gesellschaft der Heiligen, die Dante in der Rose des Paradieses erblickt, mag sich so verhalten, aber sie ist auch jeder Veränderung und Entwicklung enthoben, während schon die heilige Versammlung der Kirchenväter in Raphaels Disputa sich, wenn nicht als wirklicher Streit, so doch als eine erhebliche Verschiedenheit von Stimmungen und Denkrichtungen darstellt, aus der die ganze Lebendigkeit und der wirklich organische Zusammenhang jenes Zusammenseins quillt.*«

tote Gemeinschaft

lebendige Gemeinschaft

Wer es ein bisschen drastischer haben will, kann sich im »Internationalen Handbuch der Gewaltforschung« von Wilhelm Heitmeyer und John Hagan ausführlicher über die Gewaltentwicklung in der Welt informieren. Im Klappentext steht »*Auf diese Weise entsteht ein komplexes, mehrperspektivisches Bild eines schwierigen Forschungsfeldes zwischen Ordnung, Zerstörung und Macht.*« Diese drei genannten Ingredienzien sind wesentlich für die Entwicklung einer Gesellschaft verantwortlich – so grausam dies auch für den Einzelnen erscheinen mag!

Entwicklung = Ordnung + Zerstörung + Macht – ernüchternd für die Sozialromantiker

… … …

Nach diesen allgemeinen Betrachtungen ist es Zeit, diese globalen Aussagen im nächsten Kapitel in einzelne Cluster zu gießen. Eine gedankliche Struktur, die bei der Analyse von Konflikten hilfreich ist.

Meine fünf Thesen

Einst sandte einer die Zusammenfassung seiner Botschaft in zehn Geboten mittels zwei Tontafeln zu den Menschen. Heute braucht es einen Claim oder auf Deutsch einen Slogan, der dann zu einer Marke wird und sich sirupartig im Gehirn der Menschen verankert. Andere setzen sich künstlerische und architektonische Denkmäler oder nageln ihre Gedanken an eine Kirchentür.

Lutherjahr 2017

Ich habe mich entschieden, die Grundpfeiler meiner Konfliktsystematik in fünf Thesen zu gießen:

- These 1: 80 Prozent unserer Kommunikation bestehen aus Konflikten
- These 2: Konflikte sind Kontaktirritationen
- These 3: Konflikte sind in das Gehirn gefräst
- These 4: Konflikte lösen sich nie von allein
- These 5: Konflikte kosten Kohle

In der ersten These geht es um den Durchdringungsgrad unserer Gesellschaft mit Konflikten. Sie verfolgen uns auf Schritt und Tritt und sind ein nicht zu ignorierender Bestandteil unseres alltäglichen Lebens.

These 1: 80 Prozent unserer Kommunikation bestehen aus Konflikten

Das Image von Konflikten kann nicht schlechter sein – vergleichbar mit Fußpilz und Zahnarzterwähnung. Sehr schnell rutscht dieses Wort raus und signalisiert der Umwelt damit: Störung, Ärger, besondere Aufmerksamkeit, Zeitverlust!

Dabei reicht die Spanne der betroffenen Ereignisse vom Konflikt, welchen Nagellack frau zum Abendkleid trägt über den sogenannten Rosenkrieg bis hin zu sozialen Verwerfungen einzelner Bevölkerungsgruppen einer Gesellschaft.

Das alles passt in den einen Begriff »Konflikt«? Da lohnt es sich schon, etwas genauer hinzuschauen. Literatur und Datenwolke sind voll von Definitionen und Erklärungsmodellen. Davon sind viele mit deutschen Wörtern besetzt, lesen sich aber wie die Aufbauanleitung von nordeuropäischen Holzmöbeln. Ein Beispiel von Friedrich Glasl aus seinem Standardwerk »Konfliktmanagement«:

»Ein sozialer Konflikt ist eine Interaktion zwischen Aktoren (Individuen, Gruppen, Organisationen usw.), wobei wenigstens ein Aktor eine Differenz bzw. Unvereinbarkeiten im Wahrnehmen und im Denken bzw. Vorstellen und im Fühlen und im Wollen mit dem anderen Aktor (den anderen Aktoren) in der Art erlebt, dass beim Verwirklichen dessen, was der Aktor denkt, fühlt oder will, eine Beeinträchtigung durch einen anderen Aktor (die anderen Aktoren) erfolge.«

;) – is klar!

Hier bedarf es einer gewissen Lust am mentalen Schwertkampf, diese Definition im Alltag anwenden zu wollen und dann zu können. Kernpunkte sind auf jeden Fall Interaktion und Kommunikation, eine sogenannte Unvereinbarkeit und Klärung der gefühlten Schuldfrage: Die Gegenpartei ist schuld daran, dass ich mich mit meinen Ansichten nicht verwirklichen kann.

Das ist immer die erste Frage: Wer hat Schuld? Sinnvoller wäre: Wie reparieren wir es? Und: Wie vermeiden wir es in Zukunft?

Ich habe mich fast durch die gesamte Fachliteratur gepflügt, interessante und beneidenswert penibel herausgearbeitete, strukturierte, gewaltige Abbilder des Phänomens; merken konnte ich mir kaum eine der detaillierten Definitionen – viele sind sehr theoretisch und für mich nicht nah genug am Leben.

Herausgefiltert habe ich für mich, dass ein Konflikt aus verschiedenen Ingredienzen besteht. Mein Extrakt lautet:

> - **Pannen** sind Funktionsstörungen und damit Fehler, die zu beheben sind.
> - **Probleme** sind Hindernisse, die überwunden werden müssen, um von Punkt A nach Punkt B zu kommen.
> - **Konflikte** = Pannen + Probleme + Emotionen

einfach und klar – super!

Da fällt mir ein, dass ich noch Geld von Klaus bekomme für Susis Geburtstagsgeschenk. Habe ihn schon dreimal daran erinnert!! Problem + Emotion

Einige Beispiele dazu:

Eine *Panne* ist der Zahlendreher bei einer IBAN-Überweisung. Zu einem *Problem* wird dies, wenn die Buchhaltung wie immer ihre drei Prozent Skonto erst am letzten Tag zieht, sich die Überweisung wegen der Panne aber nicht ausführen lässt. Zum *Konflikt* mit Schamgefühl wird es, weil der Disponent heute Vormittag eine heftige Ansage an den Lieferanten wegen Terminuntreue gemacht hat.

Ein Beispiel aus Hollywood liefert der Film »Cast away« mit Tom Hanks als gestrandetem FedEx-Manager, der bei einem Frachtflug vor Weihnachten mit der Maschine abstürzt und als einziger Überlebender auf einer Insel landet. Er hat eine *Panne* – allein auf einer Insel und kein WLAN. Sein *Problem* ist, wie er von der Insel kommen soll. Und dieses Problem landet im *Konflikt*, weil ein Gefühl ihn aufrührt und antreibt: das bevorstehende Weihnachtsfest mit seiner Verlobten feiern zu wollen. Hier werden die Stufen des Extrakts deutlich – von der Panne über das Problem zum Konflikt mit seiner emotionalen Komponente.

Ohne Emotion kein Konflikt

Der entscheidende Bestandteil eines Konflikts ist die Emotion, womit sich die Komplexität und die individuelle Sichtweise erklären lassen. Ohne diese Zutat gibt es »nur« das Problem, das sich auf sachlicher Basis lösen lässt.

Konfliktbearbeitung ist somit Emotionsmanagement; an erster Stelle mein eigenes und dann das des Gegenübers.

Checken Sie mal Ihre Lieblingsfilme, Ihren Lieblingsroman, bevorzugte TV-Sendungen, welcher Konflikt die Story fesselnd erscheinen lässt: immer Drama – Drama – Drama, erschütternd oder liebevoll erzählt.

Jeder von uns kann aus dem Stand mindestens drei Situationen nennen, private oder berufliche, die an uns nagen oder uns beschäftigen.

- Das geht ja schon morgens um 6:30 Uhr los: Der Sohn zieht sich immer wieder die Bettdecke über den Kopf und will nicht aufstehen.
- Ist er endlich am Frühstückstisch, folgt der Familienstreit um das fast leere Schokoaufstrichglas.
- Auf dem Weg zur Arbeit lässt mich an der Baustelle keiner einfädeln und alle fahren hämisch grinsend an mir vorbei.
- Ein Kollege drängelt sich mittags in der Kantine vor und schnappt sich das letzte Stück Käsekuchen.
- Zu Hause finde ich die Rechnung der Autowerkstatt, die für einfaches Wischwasser 8,32 Euro berechnet.

Wir kommen sofort auf die Sachebene, weil die ja angeblich unstrittig ist. Alle kennen wir das Vier-Ohren-Modell und keiner kann es!

Tatort gewinnt immer gegen Schmonzette am Sonntagabend.

O.k., so gesehen sind die 80 % Konflikte im Alltag gerechtfertigt.

- Ich entdecke, dass die Reinigung den Fleck in meinem Lieblingsmantel nicht entfernen konnte und mir trotzdem die vollen Kosten aufbrummt.
- Im Fitnessstudio blockiert ein Klotz von Bodybuilder stundenlang mein Trainingsgerät und schwätzt lautstark über den Proteinpegel seines neuen Pulvers.
- Und den Abschluss des Tages bildet das abendliche Familienrundtelefonat um die Erbschaft von Tante Hilde.

Und im beruflichen Umfeld geht es nicht besser:

- Reibungen im Team, die nerven und Meetings teilweise in den Steinzeitmodus absinken lassen.
- Unklare Botschaften einer Führungskraft, die nicht verdeutlicht, was sie will, und hinterher ist natürlich alles falsch – wie bei Kaiser Nero, der Laute spielend und klagend über dem brennenden Rom steht, das er selber angezündet hat.
- Zeitraubende Reklamationen von Kunden und Lieferanten, die scheinbar unverschämte Forderungen stellen und auf sofortiger Erledigung bestehen.
- Zu ehrgeizige Mitarbeiter/-innen, die mit ihrem Streben große Unruhe in eine Abteilung bringen und Boxringatmosphäre im Büro schaffen.
- Abstimmungsverluste zwischen Einkauf, Buchhaltung und Logistik, die an alte korsische Stammesfehden erinnern.

Die Listen sind natürlich beliebig erweiterbar.

Diese Tatsache erschreckt und beruhigt zugleich. Sie erschreckt, weil deutlich wird, dass Konflikte ein wesentlicher Bestandteil unseres täglichen Lebens und unserer Auseinandersetzung mit der Umwelt sind. Beruhigend: Die Entspannung setzt ein, wenn wir in der Lage sind, dieses Phänomen zu steuern.

Dazu brauchen wir eine Systematik, um die beteiligten Aktoren und Emotionen zu identifizieren. Konflikt erkannt, Konflikt gebannt.

Aha – erster Hinweis darauf, dass eine Formel zur Konfliktbewältigung nötig ist.

Warum das Gehirn Konflikte dämpft, nur nicht immer

Der fade Beigeschmack des Begriffs »Konflikt« reicht weit in die Biografie jedes einzelnen Menschen zurück. Durch die Einbindung in das soziale System der Familie, der Nachbarschaft, später dann der Schule und Ausbildung bis hin ins Arbeits- und Lebensumfeld der nun eigenen Familie erfolgt aus evolutionärer Sicht eine Konfliktdämpfung: Wir schlagen nicht mehr (zumindest nicht immer) spontan mit der Keule auf unseren Sitznachbarn ein, wenn der uns mal schräg anguckt.

Beißhemmung?

Häufig wird zur Erklärung dieser »Dämpfung« die Entwicklung des Gehirns herbeigezogen.

Es gibt – vereinfacht dargestellt – drei Bereiche im Gehirn, die die menschliche Entwicklung beispielhaft symbolisieren.

Alles begann mit dem Hirnstamm, dem ältesten Teil unseres Hirns. Dieser Gehirnteil regelt die Grundfunktionen eines jeden Wirbeltiers, bei den Reptilien macht er heute noch den Großteil des Gehirns aus. Deshalb nennt man ihn auch **Reptiliengehirn**. Bei Gefahrensituationen aktiviert er sich zuerst; in diesem Steinzeitmodus stehen dem Menschen drei Reaktionsarten zur Verfügung: Flucht, Kampf, Sich-tot-Stellen. Hier geht es um das reine Überleben. Da dieses Programm automatisch abläuft, spart es Gehirnressourcen und bringt uns mit geringem Aufwand in den Handlungsmodus.

Auf den Hirnstamm folgt (und folgte auch evolutionstechnisch) das limbische System, das allen Säugetieren eigen ist und deshalb »**Säugerhirn**« genannt wird. Hier ist der Ursprungsort unserer Gefühle und Emotionen. Auch hier erfolgt die Steuerung unseres

Verhaltens durch Reiz-Reaktions-Mechanismen. Die Amygdala, der »Mandelkern«, ist dabei das Alarmsystem und arbeitet ausgezeichnet mit dem darunter eingewickelten tierischen Stammhirn zusammen.

Der dritte Teil unseres Gehirns ist zugleich der am höchsten entwickelte, das **Großhirn** mit seinen beiden Hälften und dem Frontallappen (was für ein Bild, da geht ja jeder Respekt flöten). In diesem Frontallappen verarbeiten und bewerten wir Emotionen, verknüpfen sie mit dem, was unser Gedächtnis hergibt, und handeln dementsprechend. Hier sitzt der erwähnte »Dämpfer«, der uns die Keule oft wieder wegstecken lässt. Oft, aber eben nicht immer.

Ein Beispiel mag das verdeutlichen:

Die unbeliebte Kollegin schleicht sich an unseren Schreibtisch, während wir konzentriert am Marketingplan schreiben. Ihre zarte Frage »Darf ich stören?« beantworten wir mit einem unwirschen »Jetzt nicht!«, weil wir ahnen, dass wir ihr wieder aus der Klemme helfen sollen. Zack – ohne nachzudenken, haben die beiden älteren Teile unseres Gehirns uns handeln und die verbale Keule auspacken lassen. Aus dem Augenwinkel heraus sehen wir nun, dass sie irritiert einen Geschenkkorb zu ihrem Arbeitsplatz zurückbringt. Sie wollte uns also nur zum Geburtstag gratulieren. Wo war das Großhirn, als wir es brauchten?

Kann man die einzeln an- und ausschalten?

Als Entschuldigung mag gelten, dass wir angeblich nur 0,004 Prozent der äußeren Reize und Informationen über unsere Sinne aufnehmen können. Von 100 000 Infotropfen treffen uns nur vier. Was für eine armselige Quote, von 25 000 Golfschlägen trifft nur einer. Gut, das kommt manchem bekannt vor ...

Deshalb muss wohl Werbung penetrant sein – Streuverluste!

Viele unserer Alltagssituationen mit dieser Ausbeute laufen also fremdgesteuert in uns ab. Wir produzieren lediglich durch unser bloßes Dasein schon mehr Konflikte, als wir durch Reden beseitigen könnten.

80 Prozent unserer Kommunikation sind Konflikte. Quod erat demonstrandum!

… … …

Im landläufigen Sinne geht es bei Konflikten immer um Dinge, Gründe, Weltanschauungen, also um etwas, was ich separiert von mir darstellen kann. In der Auseinandersetzung trifft es dann auf etwas, was ein anderer Mensch auch mir gegenüber abgesondert hat. So können wir uns mit- oder gegeneinander außerhalb unserer individuellen Hülle auseinandersetzen. Konflikte sind also ex corpus. Bei Auseinandersetzungen werden wir immer auf die miteinander agierenden Individuen zurückgeworfen. Deshalb meine These 2:

These 2: Konflikte sind Kontakt-irritationen

Das Wort »Kontaktirritation« steht so, wie ich es verwende, nicht im Duden. Ich meine damit nämlich nicht, dass Sie einen Hautausschlag bekommen, weil Sie dem unsympathischen Nachbarn die Hand geschüttelt haben. Ich erkläre mich also und verrate gleichzeitig, was hinter dem Begriff steckt.

Irritation

Eine Irritation ist eine Reizung oder Erregung und wird in der Regel negativ belegt. Diese Reizung kann in mir selber sein und / oder beim Kontakt mit anderen Menschen entstehen; der elaborierte Code dafür lautet: intrapersonell und / oder interpersonell.

Der Begriff »Reizung« passt an dieser Stelle besonders, da nach eingeführter Definition ein Konflikt das Produkt aus Panne, Problem und Emotion ist. Ein Reiz führt zu einer Emotion, diese wiederum medizinisch gesehen zu einer Reaktion des Körpers in Form einer Entzündung, eines Konflikts. Und noch ein weiterer medizinischer Aspekt: Reizungen dieser Art werden mitunter absichtlich herbeigeführt, um chronische Prozesse in akute zu verwandeln und somit die Heilungskräfte des Körpers anzuregen.

Bei den Kontaktirritationen ist es also wichtig, zwischen dem Reiz und der Reaktion zu unterscheiden. Der Reiz an sich ist neutral, das kann eine Aussage, eine Begegnung, ein Gegenstand in meinem Sichtfeld, quasi alles sein. Dieser Reiz trifft auf meine Schaltanlage, umgangssprachlich Gehirn genannt, und setzt dann eine Kaskade von Nervenverschaltungen in Gang. Diese sind geprägt von der Vergangenheit, meiner Erziehung, dem sozialen Umfeld, in dem ich mich bewege – also der gesamten Bibliothek meines Lebens. Dieser ankommende Reiz wird dann von einigen abgelegten Erinnerungsmustern als Eindringling erkannt, und – schwupps! – kommt die Botschaft des Bibliothekars: Gefahr droht!

Schröpfen beim Heilpraktiker – Desensibilisierung bei Allergien

Ein Reiz ist nur ein Impuls – meine Reaktion ist der Resonanzkörper, der auf diese Energie reagiert. Unterschiedliche Frequenz bedeutet keine Reaktion.

Gefühl, Emotion, was denn nun?

Und nun wird ein kleiner Ausflug zu den Begrifflichkeiten »Gefühl« und »Emotion« notwendig.

Allgemein herrscht die Versuchung vor, diese beiden Wörter als Synonyme zu verwenden oder der Emotion zu unterstellen, sie sei das Fremdwort für Gefühl. Es existiert somit ein Begriffswirrwarr über Gefühl und Emotion.

Mein Standpunkt lautet, dass ein **Gefühl** die Eigenwahrnehmung von körperlicher, seelischer und psychischer Gestimmtheit ist. Ich liebe diesen altertümlich scheinenden Begriff der Gestimmtheit. In unserem heutigen Sprachschatz ist hauptsächlich ihr Bruder präsent, die Verstimmung. Besonders als Musiker liebe ich gestimmte Klaviere. Verstimmte Instrumente lösen bei mir eine spontane

Ohrentzündung aus. In Analogie zu diesem Bild bedeutet Gestimmtheit also, dass die einzelnen Seiten/Saiten meiner Persönlichkeit miteinander klingen, entweder harmonisch oder auf Krawall gebürstet. Deren Wahrnehmung und Feststellung pickt dann ein Gefühl aus der bunten Palette heraus: liebevoll, geborgen, fröhlich, tatkräftig, neugierig, melancholisch, wütend, angeekelt, geschockt usw. Mit diesen Adjektiven wird eine bestimmte Frequenz festgelegt.

Der Ton, also die Schwingung der Materie, beginnt erst mit Aktivierung des unkontrollierbaren Teils unseres Nervensystems, dem Affekt. Dieser ist eine Gemütserregung mit einer körperlichen Dimension und einer motivationalen Dimension. Beim Zorn entsteht eine höhere Muskelspannung, die Mimik wird von den Augenbrauen dominiert und die leicht zuckende Faust holt zum imaginären Schlag aus. Dieser Antrieb innerhalb eines Gesprächs ist fordernd, direkt und auf energetisch hohem Niveau.

Die Grundgestimmtheit versetzt mich also in den Zustand, der zusammen mit dem Affekt eine Aktion hervorbringt. Emotion kommt von lat. emotio, »das Fortbewegen«, emovere »herausbewegen«. Der Umgang mit Emotionen wird im weiteren Verlauf des Buches noch mehr packend, geheimnisvoll umwebend und die letzten Geheimnisse darüber ausräumend dargestellt. Merken Sie, wie Ihre Sehnsucht im Anschluss an diese Zeilen wächst? Es wirkt!

Gefühl + Affekt = Emotion

Kontakt

Wir haben nun das Wort »Irritation« resp. »Reizung« beleuchtet, wenden wir uns Teil zwei der Zusammensetzung »Kontaktirritation« zu: dem Kontakt.

Von seiner vielfältigen Bedeutung her beinhaltet das Wort »Kontakt« auch eine aktive oder passive Berührung miteinander. In der Welt der Elektrotechnik dient ein elektrischer Kontakt dazu, zwischen verschiedenen Bauelementen eine Verbindung herzustellen. Bei Schalterkontakten sind einige Voraussetzungen zu erfüllen:

- Sie sind korrosionsfest, um Oxidation zu vermeiden.
- Sie besitzen einen hohen Schmelzpunkt, um Kontaktabbrand bei hohen Leistungen zu vermeiden.
- Sie dürfen nicht zum Verschweißen neigen.

Diese Ingenieurserkenntnisse lassen sich sehr gut auf den zwischenmenschlichen Bereich übertragen:

Interessante Analogie zwischen Technik und Leben – quergedacht!

- Korrosionsfestigkeit bedeutet im übertragenen Sinne eine gewisse Charakterfestigkeit, die mich angesichts der äußeren Einflüsse – »Oxidation« bedeutet hier das Zerbröseln meiner Persönlichkeit – widerstandsfähig macht. Der Lack bleibt drauf!
- Der hohe Schmelzpunkt wird ausgereizt, wenn es in der zwischenmenschlichen Beziehung einmal so heiß hergeht, dass das Kontaktfieber eine erhöhte Temperatur erreicht. Der Kontaktabbrand ist eine Form der Elektroerosion, des Materialabtrags durch elektrischen Strom. Beim Menschen wird der Geduldsfaden kürzer und die Haut dünner, reizbarer.

Kommt daher der Begriff »zur Weißglut bringen«?

- Das menschliche Verschweißen hätte eine dauerhafte, unlösbare Verbindung von Menschen zur Folge, die eine ungewollte Verbindung zweier Gleitflächen infolge geringer Schmierung eingehen würden. Im Maschinenbau heißt dieses Phänomen »Fressen«, dann sind halt die Notlaufeigenschaften unzureichend gewesen. Vielleicht sagen junge Verliebte deshalb »Ich hab dich zum Fressen gern!«; also nicht aus kannibalistischen Gründen, sondern mit dem Wunsch nach ewigem Verschweißen, auch »Ehe« genannt – »... bis dass der Tod euch scheidet«.

Bei all den medizinischen oder technischen Hilfsbildern wird deutlich, dass verschiedene Beanspruchungsformen von Kontakten zu Irritationen führen, wenn die Kontaktflächen zu große Unterschiede aufweisen.

Was sind die Kontaktflächen mit meinen Kollegen?

Als Prachtexemplar einer Kontaktirritation hier ein Beispiel aus meiner Vita:

Besonders geprägt hat mich eine berufliche Situation in Schwerin: Als junger, unerfahrener Pädagoge übernahm ich die stellvertretende Niederlassungsleitung eines Bildungsträgers, der als ehemalige Betriebsakademie der DDR komplett von einem westdeutschen Bildungsträger übernommen worden war. Der Auftrag meiner Geschäftsführung war angeblich, die Altersnachfolge in der Führungsetage sicherzustellen. Nach drei Monaten erfolgte ein Anruf, dass der altgediente Chef fristlos entlassen sei und ich nun sofort an seine Stelle rücken werde.

Ich erinnere mich sehr gut an den Moment, als ich in einer Mitarbeiterversammlung die Entscheidung der Geschäftsführung verkündete (warum ich eigentlich?) und in 83 hasserfüllte Augenpaare blickte. Hier erfüllte ich das Klischee »Junger Westdeutscher kommt und verdrängt verdienten Ossi aus seiner Position«, das war quasi eine feindliche Übernahme. Die ersten Jahre zeigten dann auch einen verbitterten Kampf, mit Bemerkungen wie »Schauen Sie mal sicherheitshalber unter Ihr Auto, bevor Sie losfahren!« oder einem Brief angeblich von der damaligen Arbeitsagentur Schwerin an meine Geschäftsführung, dass das Auftreten des Herrn Michalski unmöglich sei und wenn er nicht abberufen würde, gäbe es keine Aufträge mehr vom Arbeitsamt. Dummerweise benutzten die Fälscher das verkehrte Logo und die Sache flog auf.

Sechs Jahre lang biss ich mich durch, war wirtschaftlich erfolgreich und dann auch respektiert. Ich erlebte aus nächster Nähe, wie die Spezies der Wendehälse ihre Arterhaltung betrieb.

Diese Kontaktirritationen waren im wahrsten Sinne des Wortes systemimmanent. Es prallten Welten, Biografien, Karriereziele und der Wunsch nach Besitzstandswahrung ungefiltert aufeinander. In der verklärten Nachschau heißt es dann lapidar: »Es war eine wilde Zeit!«

Der Klassiker –
wie Führungs-
kräfte
zu ihrem Job
kommen

Vor diesem
Alleingelassen-
sein fürchte
ich mich.

Dabei bin ich ergraut – jedes graue Haar das Ergebnis einer Erfahrung.

Im Nachhinein ist mir klar, dass das Konfliktpotenzial nur auf der emotionalen Ebene lag. Falscher Geburtsort, falsche Zeit, falscher Ort, falscher Mensch – aus Sicht der Mitarbeiter/-innen.

… … …

Der emotionale Anteil an Konflikten ist also das, was die Würze an menschlicher Interaktion ausmacht. Konfliktmanagement bedeutet immer eine Auseinandersetzung mit den tieferen Schichten unserer Persönlichkeit und den Eigenheiten unseres Gegenübers. Sie erinnern sich aus These 1:

Konfliktmanagement ist immer Emotionsmanagement!

In unserer Gesellschaft steht man dem Emotionsmanagement eher skeptisch gegenüber: »Das ist doch Gefühlsduselei! Mach doch mal 'ne Jasminkerze an, dann sprechen wir offen darüber! Flenn nicht rum!« Ich werde nie den ersten Anruf vergessen, als ich Geschäftspartner abtelefonierte, was ihnen zum Stichwort »Konflikte« einfiele. Mein erster Kontakt antwortete auf meine Frage mit folgender Aussage: »Wir haben keine Konflikte, bei uns wird gearbeitet!«

Das wird aber schon bedeutend weniger, dafür sorgen Gender und Väter in Elternzeit.

Nur in extremen Situationen dürfen wir Gefühle zeigen. Seien es Trauer und Tränen bei einer Beerdigung, oder wir wässern vor Glück, wenn wir unser erstes Baby auf YouTube zeigen. Die Bandbreite dazwischen ist Grauzone und wird immer von den Umstehenden interpretiert. Auf scheinbar Nummer sicher gehen wir, wenn wir unsere Emotionen kontrollieren, was aufgrund der ungefragt feuernden Synapsen sowieso nicht funktioniert.

Interpretation von Gefühlen hängt also vom Umfeld ab!

Emotionsmanagement

Aber was tun mit den Gefühlen? Hieran verzweifeln die meisten Ratgeber. Die Gefühle benennen zu können, ist das eine. Hilft einem dann wenig, wenn sie kalligrafisch niedergelegt sind. Ein Aktionspfad für diese Navigation ist, auf die Frage umzuschwenken, welches Bedürfnis jetzt gerade *nicht* befriedigt wird.

… … …

Eine Idee besagt, dass es drei Grundbedürfnisse gibt: Erfüllung durch

1. Bindung / Beziehungen,
2. Sicherheit und
3. Entwicklung.

Bevor also im Gefühlszentrum duselig rumgestochert wird (zu gegebener Zeit hilft es, einen empathischen Moment dort zu verweilen), lautet die Frage: »Welches der drei Bedürfnisse möchtest du jetzt erfüllt haben?«

Diese Frage fokussiert anders = lösungsorientiert

Die Antwort darauf gibt eine deutliche Handlungsanweisung: Beim ersten Bedürfnis versichere ich meinem Gegenüber die Teammitgliedschaft, das Wir-Gefühl. Für das zweite kann ich mit Klarheit, einer Terminierung oder einem schriftlichen Vertrag entgegenkommen. Das dritte beinhaltet Fortbildungsmöglichkeiten, gemeinsame Zielerreichung und persönliches Wachstum oder Karriere.

Weil es so einfach ist, vermuten wir einen Haken dran!

Aber irgendwann muss der Verstand doch wieder die Oberhand gewinnen! Wir sind doch alle Vernunftwesen! Das Vertrauen in unsere graue Masse zwischen den Ohren ist anscheinend unerschütterlich und letztendlich die wichtigste Instanz. Und jetzt komme ich mit dem Stolperstein, dass diese göttliche Verehrung für den Denkbrei ebenfalls eine Quelle für unsere Konflikte darstellt. Der Vorteil des Gehirns mit seiner Leistungsfähigkeit hat durchaus seine Schattenseiten – für unser Thema »Konflikte« erkläre ich das in der nächsten These.

These 3: Konflikte sind in das Gehirn gefräst

Neuromarketing, neuronales Verkaufen – das alles sind Begriffe, die momentan als hip und schick gelten. Jeder behauptet von sich, gehirngerecht zu verkaufen, zu trainieren, zu lehren. Er springt mit dieser Aussage genau auf den Trend. Hier bin ich allerdings vorsichtig: Immer wenn Wissenschaftler weiterforschen, kommen neue, angeblich bahnbrechende Ergebnisse heraus, getreu dem Motto der Ärzte: Wer nicht krank ist, wurde nur nicht gründlich genug untersucht!

Obwohl wir nur 0,004 % der Sinneseindrücke aufnehmen?

1835 fuhr die erste deutsche Eisenbahn von Nürnberg nach Fürth. Damals waren sich alle etablierten Mediziner ausnahmslos einig: Bei diesen hohen Geschwindigkeiten werden die Mitfahrenden schwachsinnig – aufgrund der an ihnen vorbeirauschenden Bilder. Bei manchen Begegnungen im Zug finde ich Beweise für diese alte These …

Wer immer nun behauptet, er habe das Gehirn verstanden, äußert damit eine gewagte These. Es klingt meiner Ansicht nach reichlich kurios, wenn unser Gehirn sagt, dass es die Idee seines Schöpfers dahinter, den Bauplan und die Funktionsweise quasi von sich selber, versteht. Das meint Albert Einstein mit: »Kein Problem kann von dem Bewusstseinszustand aus gelöst werden, der es verursacht hat.« Oder anders gesagt: Man kann Probleme nicht mit der Denke lösen, die sie verursacht hat.

Das versucht das »Human Brain Project« in Jülich nachzubauen.

Wir vergessen nie

Unser Gehirn hat ein unglaubliches Fassungsvermögen. Beispielsweise können wir uns an unsere Schultüte bestens erinnern. Oder an den Tag, als wir zum ersten Mal allein in den dunklen Keller gegangen sind … Alle diese Dinge hat unser Gehirn abgespeichert. Und mit den Jahren sind weitere Milliarden neuer Sinneseindrücke dazugekommen. Das ist ein derartig komplexer Prozess, der technisch überhaupt nicht nachbaubar ist. Die so gern verwendete Aussage »Das habe ich vergessen« stimmt daher nicht: Wir haben nicht vergessen, sondern lediglich gerade keinen Zugriff auf diese bestimmte Information oder dieses spezielle Erlebnis.

Unterschied von Merken = permanent und Wissen = aktuell

Dieser eingeschränkte Zugriff muss auch sein, das ist ein wunderbares Phänomen und gehört zu den sogenannten Heuristiken: Wir müssen Informationen von der Außenwelt filtern. Sonst würden wir schlichtweg wahnsinnig werden. Der Informationsoverload würde uns vollständig lähmen.

Kann man den Filter steuern?

»Routinearbeiten« erledigt unser Gehirn aus ebendiesem Grund auch automatisch, wie beim Zähneputzen. Beim Schnürsenkelzubinden überlegen wir ja auch nicht, wie wir das machen. All das sind Gewohnheiten, die in unser Gehirn regelrecht hineingefräst sind. Wir könnten gar nicht existieren, wenn wir jedes Mal neu überlegen und Sinneseindrücke neu sortieren müssten.

Auch bei unseren Urteilen hat unser Gehirn »Routinen« für uns parat: Es urteilt immer vor. Vorurteile sind durchaus wichtige Überlebensmechanismen und grundsätzlich nicht falsch. Wir gehen in einer Großstadt abends um 22 Uhr durch einen U-Bahn-Tunnel und uns kommt jemand entgegen – ganz in Schwarz gehüllt mit einem gezückten Samuraischwert. In diesem Fall sind wir für diesen Automatismus dankbar, denn er sorgt dafür, dass wir nicht lange überlegen und die Flucht ergreifen. Wir würden gar nicht erst versuchen, zu analysieren, ob diese Person vielleicht gar

Differenzierte Sichtweise – sehr gut!

nichts Schlimmes vorhat und nur auf dem Weg ist, um ihr Training für heute zu absolvieren.

Manchmal wollen wir auch gar keinen Zugriff auf unser Gedächtnis haben. In dem Fall sprechen wir von Traumata. Es gibt Erlebnisse in unserem Leben, an die wir einfach nicht mehr erinnert werden wollen, und wir sind froh, dass diese weggeschlossen sind. Aber – wohlgemerkt – sie sind immer noch da. Wenn sie plötzlich zurückkommen, ungewollt und irritierend, werden sie »Flashbacks« (Nachhallerinnerung) genannt. Diese Form des Erinnerns können wir nicht steuern, und manchmal wirft es uns dann aus der Bahn, in Form von »Nachhallpsychosen«.

Der Black-out in der Abiprüfung

Wie wir unsere Eindrücke und Erlebnisse verarbeiten, ob sich aus ihnen feste Bahnen bilden und wir in der Lage sind, diese bewusst abzurufen, wird hauptsächlich in unserer Kindheit definiert. Zu dieser Zeit wird festgelegt, wie unser Gehirn arbeitet und die Sinneseindrücke ablagert.

Ich bekomme da beispielsweise allein berufsbedingt als ausgebildeter Rhythmiklehrer immer eine Kleinkrise, wenn im Kindergarten Blockflöte oder Gitarre spielende Praktikantinnen die musische Erziehung übernehmen dürfen oder müssen. Das ist für mich ein Indiz, warum die nordischen Länder bei der Pisa-Studie so gut abgeschnitten haben. Die machen das nämlich genau andersherum: Dort werden die kompetentesten Leute zur Betreuung und Förderung von Kleinkindern in Kindergärten eingesetzt.

Das ist sehr plakativ!

Diese Erinnerungs- oder Fräsmuster kennen wir alle aus Erlebnissen der Schulzeit. Wenn wir heute in die Runde fragen, wer denn mal den Logarithmus erklären kann, bekommen die meisten schon aufgestellte Nackenhaare, weil sie an den Mathematikunterricht erinnert werden. Und dann die Erinnerungen an den Schulsport. Ich habe mir neulich eine Hülle für mein Mobiltelefon gekauft, die aus dem Leder alter Turnböcke hergestellt wurde. Auf der Website des Herstellers für meine Hülle habe ich aus blauen

Turnmatten gefertigte Taschen gesehen, die mit Seilen als Griff und einem Stück Leder an der Seite wirklich schick aussehen. Allein schon beim Anblick dieses blauen Turnmattenmaterials hatte ich den Geruch von Kinderfüßen in der Nase, wie damals in den Umkleidekabinen. Das ist wie ein Flash. Von wegen, wir haben es vergessen!

Konflikte stecken uns in der Nase

Das Olfaktorische wird generell maßlos unterschätzt. Der Spruch »Den kann ich nicht riechen« kommt nicht von ungefähr. Vielleicht wird die Bedeutung der Nase deshalb so geringgeschätzt, weil ihr die räumliche und zeitliche Orientierung fehlt. Das Auge kann schätzen. Nah und fern, ich stehe davor, ich stehe dahinter. Das Ohr kann eine räumliche Orientierung geben oder auch – wenn man entsprechend geübt ist – den Abstand von Tönen zueinander genau messen.

In der Studentenbude standen immer Duftlampen rum. Dieser Patschuliduft war penetrant süßlich.

Es gibt ein Parfüm der Ruhr-Universität in Bochum mit dem Namen »Knowledge«, ein von Kommunikationspsychologen und Duftforschern entwickeltes Kommunikationselixier. Es riecht sehr gut und ist für sowohl für Männer als auch für Frauen nutzbar – unisex. Die Idee dahinter ist, durch Gerüche eine gute Stimmung, Wohlgefallen und eine gute Beziehung aufbauen zu können. Ob das funktioniert, ist allerdings strittig, aber der Traum eines jeden Parfümeurs.

Pheromone sind Botenstoffe, die auf das Riechzentrum wirken. Sie dienen zur Informationsvermittlung und rufen eine spezifische Verhaltensänderung bei Mitgliedern derselben Spezies hervor. So signalisiert ein bestimmtes Pheromon der Sau dem Eber, dass der Zeitpunkt der Paarung gekommen ist. Übertragen Sie das mit humanoiden Abstrichen auf das Potenzial, menschliche Interaktion zu manipulieren und zu steuern. Der Roman »Das Parfüm« von Patrick Süskind beschreibt die Geschichte eines genial getriebenen Parfümeurs namens Grenouille, der den Duft von Frauen in eine Essenz zusammenfassen will und nicht davor zurückschreckt, zum Serienmörder zu werden. Zum Schluss wird er von einer orgiastisch getriebenen Menschenmenge aus Verzückungsgründen im wahrsten Sinne des Wortes zerrissen. Den Herstellern von Duftwässern würde es schon reichen, die Grundstimmungen von Menschen zu beeinflussen, und ich hoffe, dass sie dafür nicht über Leichen gehen.

Für uns ist es unangenehm, wenn wir schlecht riechen. Der Drang des Menschen, gut zu riechen, ist ein Urinstinkt. Bewiesen ist: Die Attraktivität zwischen Partnern funktioniert hauptsächlich über die Nase. Dazu sprühen wir uns sogar das Erbrochene von Pottwalen an den Körper. Nichts anderes ist Ambra, das in vielen Parfüms als Grundstoff verwendet wird. Am 11.11.2016 wird in einem Artikel in der »Welt« berichtet, dass Walerbrochenes einen arabischen Fischer um fast drei Millionen Euro reicher gemacht hat. Moschus – ebenfalls gerne in Parfüms verwendet – ist das Markierungssekret des Moschushirschs. »Wir Menschen sind die einzige Spezies, die sich das Drüsensekret eines Hirschs freiwillig antut, um sexuell attraktiv zu werden«, sagte Eckhart von Hirschhausen dazu sehr treffend bei einem seiner Auftritte. Wobei einige Menschen glauben, dass das Werbeversprechen eines 48-Stunden-Deos unbedingt ausgereizt werden müsse ...

Igittigitt

Assemblys

Konflikte haben also mit der Sinneswahrnehmung zu tun. Ausgelöst werden können sie durch sogenannte »Assemblys«, das sind neuronale Strukturen im Gehirn, die jedem einzelnen Begriff zugeordnet werden, den wir einmal gehört oder verwendet haben. Diese Assemblys sind nicht löschbar, und das Fatale daran ist: Wenn ein Bestandteil solch eines Assemblys berührt wird – durch einen Geruch, durch einen Sinneseindruck, durch direkte Ansprache –, klappt das ganze daran hängende Erinnerungsmuster voll-

Nichts vergessen können!

Wie soll ich morgen den Tag durchstehen, wenn ich jeden so neu beäuge? ☺

ständig auf. Das, was da ausgelöst wird, ist wie eine Welle, gegen die wir uns nicht wehren können.

Haben wir zum Beispiel einen Chef, der bestimmte Verhaltensweisen zeigt, geht das Feuerwerk los: Der braucht nur mal seinen Kopf in einer bestimmten Art zu neigen, eine bestimmte Tonspur zu treffen, und, zack, unterstelle ich ihm aus meiner eingefrästen Spur, so wie mein Vater zu sein, oder meine Mutter oder mein Onkel oder mein Lehrer.

Dann kann es passieren, dass das gesamte zugehörige Assembly aufpoppt und mein Handeln übernimmt. Natürlich weiß ich intellektuell, dass mein Chef nicht mein Vater ist, auch wenn er in der Tonart meines Vaters spricht. Die aufgepoppten Nervenverschaltungen haben jedoch eine solche Reaktion zur Folge. Ich reagiere beleidigt und trotzig wie ein kleines Kind, und mir rutschen impulsiv Verhaltensstrategien raus, die in der Nachbetrachtung infantil wirken.

Jetzt haben Sie endlich ein Alibi dafür: »Ich kann nichts dafür, das ist mein Assembly!« Außerdem klingt das total schick und modern. Manche Zeitgenossen würden antworten: »Das hätte ich auch gern, gibt's das bei Amazon?« Wenn ich in diesem Buch von »Konflikte steuern« spreche, meine ich genau diesen Moment. Wenn aus unseren Urgehirnen Impulse hochsteigen und diese ungefiltert in die Gemeinschaft und das Universum gepustet werden, wäre der Moment gekommen, dass die Vernunft – was immer das sein mag – oder die Professionalität die Oberhand gewinnt.

Führung = Impulskontrolle

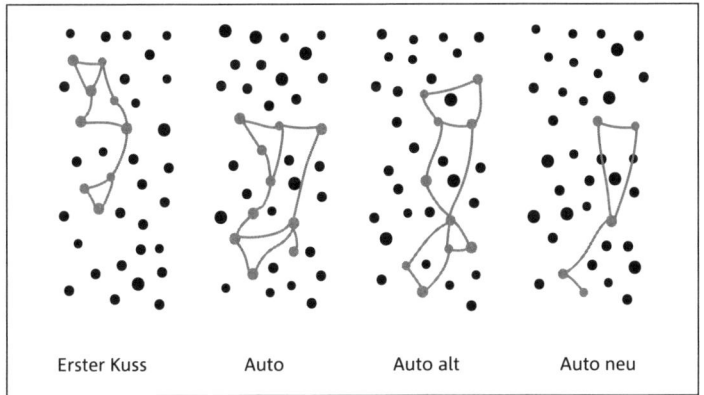

Erster Kuss Auto Auto alt Auto neu

Assemblys: Die schwarzen Punkte sind imaginäre Nervenzellen, die durch die grauen Verknüpfungen zu einem Gedanken, einer Erinnerung, einem Handlungsmuster verbunden sind

Sind wir den Assemblys hilflos ausgeliefert? Nein, nicht ganz. Doch braucht es ein konsequentes Einüben neuer Konfliktbewältigungsmuster, um diese alten Strukturen oder Muster verblassen zu lassen. Wir können also nur neue Assemblys etablieren, wenn wir eine emotionale Aufgeschlossenheit dafür aufbringen, die Notwendigkeit dafür sehen und diese immer wieder einüben und trainieren. Wichtig ist: Was nicht emotional greift, vergesse ich bzw. kann es nicht aus der Erinnerung hervorholen.

Führung = Konsequenz

Jetzt wäre der Zeitpunkt, uns als soziales Wesen zu zeigen, das Miteinander konstruktiv zu gestalten.

Diese Überlegungen geben mir mehr Gelassenheit meinem eigenen Verhalten gegenüber. Dass dieser Gefühlswirrwarr entsteht, hat also seine natürliche Ursache, ist rein biologisch und in unserer Entwicklungsgeschichte eine Notwendigkeit. Was wir aus dieser Neuralexplosion formen, ist Gemeinschaft, Entwicklung und Zukunft.

… … …

Viele machen Sachen lieber mit sich selber aus, auch wenn andere involviert sind. Sie gehen davon aus, dass ihre Lösung den Konflikt bereinigt. Allein aus logischen Gründen kann das nicht funktionieren: Zwei getrennte Systeme entwickeln in komplexen Zusammenhängen eine total unterschiedliche Strategie, in der viele Variablen zu finden sind. Meine Statistikvorlesungen sind schon einige Zeit her, ich ahne jedoch, dass die Wahrscheinlichkeit, dass zwei Antagonisten zufällig und getrennt voneinander die gleiche Konfliktlösestrategie entwickeln, homöopathisch gering ist.

Schon allein miteinander reden hilft!

Daher meine folgende These 4.

These 4: Konflikte lösen sich nie von allein

Konflikte sind belastend, störend und rumpeln an der Komfortzone. Da wir Menschen energieeffizient arbeiten, kostet es in der Summe scheinbar weniger Kraft, Konflikte laufen zu lassen, als sie anzugehen. Das ist so ähnlich wie mit dem gleichmäßigen Spazierengehen: Lieber 42,195 Kilometer in gleichmäßigem Trott hinter sich bringen als mit Sprint und Pause – falls wir einmal Marathon laufen müssen.

Das wird schon werden

Diese Vermeidung von sogenannten Peaks oder Spitzen in der Energiekurve sieht man häufig während der Probezeit eines Mitarbeiters: Einarbeitungspläne bestehen häufig nur aus einem Laufzettel, aus dem hervorgeht, wer wann wo zu sein hat, mit wem was besprochen wird, damit man dann die Punkte auf der Checkliste abhaken kann. Zwischendurch wird kurz bei Kollegen nach dem Motto »Und, wie läuft's mit ihm?« sondiert. Und das war's.

Bei auftretenden Schwierigkeiten denkt sich die Führungskraft häufig, dass man dem Mitarbeiter Zeit geben müsse. Es werde sich schon wieder einrenken, es dauere halt, bis er sich ins Kollektiv einfügt habe, und er müsse ja erst den Betrieb kennenlernen: »Ich warte, ob er sich noch fängt!« Dann passiert es: Kurz vor Ende der Probezeit wird die Reißleine gezogen und hektisch nach Trennungsgründen gesucht, die natürlich nie durch Verschulden der Firma zustande gekommen sind. Mein klarer Standpunkt hierzu: Dieses Verhalten ist Führungsfeigheit!

Nichts löst sich von alleine, und doch beschäftigen wir uns eher mit den Erscheinungsformen und deren offensichtlicher Reglementierung und nennen das Konfliktmanagement. Unter »Management« wird die konkrete Organisation von Aufgaben und reibungslosen Abläufen verstanden. Das erinnert mich an den Qualitätsmanager, der mir zu Anfang meiner Berufsjahre erläuterte, man könne sich auch eine Schwimmweste aus Blei zertifizieren lassen, wenn nur die einzelnen Produktionsschritte detailliert beschrieben seien und in einem ausführlich gegliederten Handbuch im Regal stünden. Das ist eine Prozessbeschreibung nur auf die Dokumentation hin ohne Einsatz des gesunden Menschenverstandes. Ich höre jetzt förmlich das Aufheulen engagierter und ganzheitlich denkender Qualitätsmanager. Sie sind ja nicht gemeint!

Fast alle Menschen leiden unter Prokrastination (lat. procrastinare »vertagen«; zusammengesetzt aus pro »für« und cras »morgen«). Das klingt nach einem ausgefeilten Krankheitsbild, wogegen sicherlich Tabletten, Therapien oder Anwendungen helfen. Hinter diesem ansehnlichen medizinischen Begriff verbirgt sich die Aufschieberitis; das ist ein Phänomen, das mit dem Sprichwort »Was du heute kannst besorgen, das geht garantiert auch morgen!« beschrieben wird. Diese Grundhaltung holt uns bei der Konfliktbewältigung in unserer Gesellschaft täglich ein. Auf unser Beispiel der Probezeit gemünzt ist Prokrastination eine Führungsstörung, die menschlich verständlich ist, jedoch im Unternehmenskontext nachhaltige Verwerfungen als Konsequenz hat.

Klartext!
Führung ist ein Prozess, der die eigene innere Haltung widerspiegelt!

Bei uns hat die Systematik der Verfahrensauswahl höchste Priorität!

Das macht mich an Anita manchmal wahnsinnig!

Das ist mir sch...egal

Es gibt seit einiger Zeit einen anderen Umgang mit der maskierenden Höflichkeit, die sogenannte »radikale Ehrlichkeit« von Brad Blanton. Populistisch angehauchte Auszüge wie »Ich würde meinem Kollegen jetzt gerne an den Hintern fassen!« steigern zwar die Buchauflage, bringen aber keine Erkenntnisse. Um 1990 wurde diese Bewegung im therapeutischen Kontext von Brad Blanton gegründet aus der Erkenntnis heraus, dass mit Unwahrheiten und Lügen, großen und kleinen, der Umgang von Menschen miteinander schwer belastet wird. Diese Sichtweise bietet die Steilvorlage für viele Rezensionen und Kommentare, die diese Idee als genaue Gebrauchsanweisung missverstehen wollen. Den freundlich gemeinten morgendlichen Gruß mit »Es ist mir scheißegal, wie's dir geht!« zu beantworten oder einem Geschäftspartner zu sagen, dass man problemlos 30 Prozent weniger bei der Preisverhandlung ansetzen könnte, verwässert leider die Idee dieser Initiative. »Radikale Ehrlichkeit« meint mehr die Ehrlichkeit sich selber gegenüber. Es geht nicht darum, ungefragt jeden Gedanken auszusprechen und jede spontane Regung zu artikulieren, sondern sich selber gegenüber ehrlich zu sein, sich das eigene Konglomerat von Gedanken, Gefühlen, Regungen, also allen biochemischen Prozessen im Körper, zu erlauben. In der Coach-Szene spricht man dann von »Raum geben«. Ich dachte bisher, das wäre nur Architekten möglich.

Gerade keimt die Idee auf, die Auswirkungen meiner eben neu erfundenen Bewegung, der »radikalen Prokrastination«, ausführlich zu beschreiben, aber die wird nach dem Einspruch des Verlages in einem anderen Buch ausgeführt.

Das Aufschieben und die ungefilterte Wahrheit sind beide extreme Pole, zwischen denen jeder und jede das eigene Schwingungsmuster ermitteln kann.

Nicht umsonst gibt es das Sprichwort: Wer lügt, muss ein gutes Gedächtnis haben!

Das mache ich mal eine Woche lang schriftlich nach den Meetings! Geheim!!

Dann suche ich mal meine Balance auf der Familienfeier nächste Woche!

Das ist halt so

Die These von den sich nicht selber auflösenden Konflikten wird massiv untermauert mit den eigenen Erfahrungen unserer Liebesbeziehungen. Viele Ehen sind vom Hormonorkan mittlerweile in ein vorteilsbehaftetes Arrangement mutiert. Auch hier will ich mit meinen provokanten Wortbildern keinerlei Bewertung vornehmen. Erst muss man / frau die Ausbildung abschließen, dann die Probezeit überstehen, dann sich beruflich etablieren, dann die Kinder bekommen, das Haus bauen, sich in das soziale System einfügen, sich einrichten, und »eigentlich ist es ja auch gar nicht so schlimm«. Der innere Konflikt – »Soll das alles gewesen sein?« – schwelt so vor sich hin. Erst wenn das Magma unserer Emotionen zur Oberfläche drängt, kommt die Veränderung in Gang. Diese Momente der Veränderung entstehen meist durch externe Reize. Die neue junge Kollegin, die mit ihrer ungestümen Lebensfreude alte Sehnsüchte in uns weckt. Der Kollege, der uns erzählt, dass er sich endlich seinen Traum von der Selbstständigkeit erfüllt hat und so glücklich wie noch nie ist. Allen diesen Auslösefaktoren ist gemeinsam, dass eine abgekapselte Gestimmtheit nun nach oben kommt. Hier taucht wieder der Begriff der Bewegung, der Emotion auf. Irgendetwas in uns schwingt leise vor sich hin, erhält Energie in Form eines Impulses und beginnt stärker zu schwingen. Die Schaukel des Lebens bekommt eine größere Amplitude. Damit erreichen wir im wahrsten Sinne des Wortes den Scheitelpunkt, unsere bisherige Welt beginnt sich zu überschlagen. Wir sehen das Ganze nun aus einer anderen Perspektive, und uns wird schlagartig klar, dass wir etwas verändern müssen. Von allein geht das nicht.

Die Gefahr, dass es sich einschleicht, ist groß!

Betriebsfeiern und Alkohol ☺

Midlife-Crisis

… … …

Wir sehen also: Konflikte lösen sich nicht von selbst auf. Im Gegenteil: Das Kopf-in-den-Sand-Stecken stoppt uns auf unserem Lebensweg, das einseitige Keulenschwingen provoziert nur noch mehr Probleme, und das Abwarten und Teetrinken kann richtig Geld kosten. Wie im Probezeit-Beispiel. Wenn nur noch die kör-

geahnt, gewusst, ignoriert

perlichen Hüllen der Mitarbeiter/-innen zelltechnisch anwesend sind und die Effizienz aufgrund von atmosphärischen Blitzen, kommunikativem Bodennebel und Dinostampfen nahe dem Nullpunkt liegt, wenn alle aus gesundheitlichen Gründen immer nicht da sind, dann kann es teuer werden. Womit ich These 5 den Ball zuspiele.

These 5: Konflikte kosten Kohle

Viele Unternehmer halten die Diskussion um Konflikte für Diskussionskerzen-Gedöns. Sie sind halt da und wir reden auch ganz offen darüber. Gefühlsmäßig gleichen die Konflikte eher umherschwirrenden Fliegen, die zwar stören, aber die Wertschöpfungskette nicht wesentlich beeinflussen.

In einer schwarz-weißen Welt gibt es zwei Möglichkeiten, den Gewinn zu steigern: Umsatz erhöhen oder Kosten reduzieren, am liebsten beides zugleich. In beiden Denkrichtungen bietet Konfliktbearbeitung im wahrsten Sinne des Wortes eine Geldgrube. Denn wenn man Konflikte angeht und zu beiderseitigem Nutzen löst, hält man Kunden, kann sich auf positive Mundpropaganda und Internetlikes verlassen und auf Folgekäufe freuen.

Unzufriedene Kunden kosten Kohle

Wesentlicher Bestandteil von Konflikten sind, wie wir nun wissen, Emotionen. Wir erleben es täglich am eigenen Leibe, dass wir genau über diese Hormonschwankungen Kaufentscheidungen treffen. Jeder! Auch auf die Gefahr hin, Klischees zu bedienen: Das Sportfahrwerk des neuen Familienautos dient natürlich lediglich dazu, bei einem Überholvorgang die Sicherheit der Familie zu gewährleisten ☺. Die sauteure Küchenoberfläche besteht aus hochwertigem Material, das besonders keimtötend ist und somit für noch mehr Hygiene der Kinder sorgt. Meine Berufsalternative wäre, Inhaber einer Firma für Hanteln und Trimmräder zu sein: Als Alibi gekauft, jetzt endlich gesünder zu leben, mehr Sport zu treiben, liegen sie nach zwei Jahren mit der natürlich erworbenen Staubschicht eingelagert im Keller.

Witziges Angebot eines Fitness- studios: Ein- tagesmit- gliedschaft mit 4 Selfies für 11,00 Euro

Eine Anmerkung zu meinem Hobby: Motorradfahren ist ein Lebensgefühl, nicht die Fortbewegung auf zwei Rädern. Diesen Traum verkauft Harley-Davidson, und Sie sehen es an schönen Sommertagen. Grauhaarige Kuttenträger fahren ihr Traummotorrad mit Kilometerstand 2138 am Sonntag spazieren, das ist pure Emotion. Einmal »born to be wild« zur Eisdiele und zurück.

Umsatzsteigerung bedeutet also, die inneren und äußeren Konflikte der Kunden und Mitarbeiter zu verstehen, den Kaufimpuls und die Freude an der Arbeit auszulösen und eine Linderung der Schmerzen zu versprechen.

Verkauf = AIDA – Attention- Interest- Desire-Action

In dieselbe Kerbe haut es, wenn es um Reklamationen geht oder um unzufriedene Kunden, die umtauschen. In der Vertriebsliteratur geistert die Zahl herum, dass es fünf- bis zehnmal so teuer ist, einen neuen Kunden zu werben, wie einen Bestandskunden zu halten.

Ich setze mich schon seit Jahren für ein hand- habbares CRM- System ein.

… … …

Ich hatte mal ein teures elektronisches Gerät erworben, das in der Garantiezeit seine Spielfreudigkeit einbüßte. Nach der ordnungsgemäßen Registrierung schickte ich das Gerät zum Kundendienst und wartete tagelang auf irgendeine Reaktion. Mental beinahe steuerungslos rief ich dann wutentbrannt die Hotline an. Ich wollte so richtig Dampf ablassen. Eine freundliche Telefonstimme empfing mich mit folgenden Worten: »Guten Tag, Herr Michalski, ich kann mir vorstellen, warum Sie anrufen. Das ist ja wirklich ärgerlich – Ihr neues Gerät ging nach ein paar Wochen kaputt und wegen der Reparatur haben Sie bisher nichts von uns gehört. Ich sehe gerade, dass das Gerät heute in die Post gegangen ist und wir Ihnen als Entschädigung zwei Discs in das Paket gepackt haben.« Ich stammelte ein »Danke« und verabschiedete mich höflich – meine Wut war rückstandsfrei verflogen. Das alles nur, weil die professionelle Telefonistin genau den richtigen Hebel gefunden hatte.

Superprofessionell – es geht doch!

Mir kam erst Jahre später in die Gehirnrinde, wie dieses Telefonat funktioniert hatte. Woher wusste die Telefonistin, wer ich bin und was ich wollte? Die Antwort lautet CRM, Customer-Relationship-Management, mit CTI, Computer-Telephony-Integration. Alle Daten und Kontaktprotokolle sind in einem Programm hinterlegt, in dem meine Kundenhistorie und Kontaktanlässe lückenlos dokumentiert sind. Mit der CTI poppt bei eingehendem Anruf dieser Datensatz im Blickfeld der Telefonistin auf. In meinem Fall hatte sie messerscharf gefolgert, dass dies kein Sympathieanruf war, und mir durch ihre elegante Art und Weise den Wind aus den Segeln genommen. Gratulation und tiefen Respekt vor so viel Professionalität!

Gibt's schon lange, wird selten angewendet

Umsatzsteigerungen sind also möglich durch emotionales Verkaufen und das Binden der Bestandskunden auch in schwieriger Zeit sowie das Zurückholen verärgerter Kunden durch aktive und freundliche Ansprache.

Unzufriedene Mitarbeiter kosten auch Kohle

Bei der anderen Möglichkeit, Gewinne zu maximieren, geht es fast immer darum, eine Scheibe von den vorhandenen Kosten abzuschneiden. Die Werbekugelschreiber werden billiger, die Dienstwagenmarke wechselt in ein niedrigeres Preisniveau, das Papier auf den Toiletten verliert eine Lage. Der Sand im Produktionsgetriebe ist verständlicherweise schwerer quantifizierbar.

Ärger, Missverständnisse und Reibereien innerhalb der Firma sind die Folge. Da wird (fast) kein Unternehmer widersprechen. Bei der Abschätzung der Kosten zählt für die meisten Controller nur die Anzahl der Krankheitstage. Mit einer durchschnittlichen Arbeitsunfähigkeit von 15,2 Tagen je Arbeitnehmer/-in ergaben sich im Jahr 2015 insgesamt 587,4 Millionen Arbeitsunfähigkeitstage. Die Zahlen für 2016 lassen einen leichten Rückgang vermuten. Die Bundesanstalt für Arbeitsschutz und Arbeitsmedizin schätzt die volkswirtschaftlichen Produktionsausfälle auf insgesamt 64 Milliarden Euro bzw. den Ausfall an Bruttowertschöpfung auf 113 Milliarden Euro.

Unterstützt werden diese nebulösen Zahlen durch weitere Daten: Das Institut für deutsche Wirtschaft schätzt den volkswirtschaftlichen Schaden durch Konflikte in Deutschland auf jährlich 53 Milliarden Euro. Konkreter sind da die Untersuchungen der KPMG-Konfliktkostenstudie von 2009 / 2012. Sie geht davon aus, dass sich die Summe der Konfliktkosten auf mindestens 20 Prozent der gesamten Personalkosten beläuft. Rechnen Sie das mal kurz für Ihr Unternehmen aus! In meiner Geschäftsführungszeit waren es bei 24 Millionen Euro Umsatz 41 Prozent Personalkosten im Dienstleistungsbereich, 20 Prozent davon sind fast zwei Millionen Euro – pro Jahr.

ups! so viel?

Weitere Erkenntnisse lassen sich aus der KPMG-Studie ableiten:

- 10 bis 15 Prozent der Arbeitszeit in jedem Unternehmen werden für Konfliktbewältigung verbraucht.
- 30 bis 50 Prozent der wöchentlichen Arbeitszeit von Führungskräften werden direkt oder indirekt mit Reibungsverlusten, Konflikten oder Konfliktfolgen verbracht. Ca. 25 Prozent des Umsatzes hängen von der Kommunikationsqualität ab.

Die betriebswirtschaftlich Alerten unter den Lesern erkennen natürlich sofort, dass Konfliktkosten streng betriebswirtschaftlich

Oha – mit
dem Gedanken
kriege ich
unseren
Controller für
das Thema

Das ist
doch mal ein
Argument,
das zieht!

betrachtet keine Kosten sind, weil es sich um ungewollte Ausgaben handelt. Es geht vielmehr um die Einbußen, die ein Unternehmen »erwirtschaftet«. Das macht die Sache nur umso tragischer, denn damit wird deutlich, dass die Konflikte Bestandteil der Wertschöpfungskette sind. So wie ein Unternehmer durch geschickten Materialeinkauf und Effizienz der Maschinen die Kosten senken kann, so lässt sich dies eins zu eins übertragen auf Konflikte. Zugegebenerweise ist die Messbarkeit schwieriger, aber nur bei den Nachkommastellen.

Schlechtes Image kostet ebenso Kohle

Ein weiterer Aspekt der Konflikte bzw. der Konfliktkosten sind die Auswirkungen auf das Arbeitgeberimage, neudeutsch Employer-Branding, auf die Marke, die Strahlkraft eines Unternehmens. Anscheinend ist es das Erfolgsrezept in unserer Welt, in der Dinge und Menschen immer gleicher werden und die Unterscheidbarkeit als Erfolgskriterium gesehen wird. Die harte Realität hat die Unternehmen in Form von Fachkräftemangel schon lange eingeholt. So werden die weichen Faktoren wie Mitarbeiterzufriedenheit, Umgangsformen, äußere Rahmenbedingungen und Betriebsklima die entscheidenden Faktoren bei der Personalgewinnung.

Gerüchte,
die nützen,
halten sich
lange. Es ist
einfach für
eine Führungs-
kraft, übers
Gehalt zu
ködern, statt
die Menschen-
sicht zu
ändern.

Ich verharre immer fassungslos vor Artikeln, in denen als neueste Erkenntnis beschworen wird, dass die Höhe des Gehalts allein nicht glücklich macht. Noch vor meiner Geburt wurde 1959 in Frederick Herzbergs Zwei-Faktoren-Theorie zwischen Hygienefaktoren und Motivatoren unterschieden. Auf den ersten Plätzen stehen die Faktoren, die zu extremer Zufriedenheit während der Arbeit führen – Erfolgserlebnis und Anerkennung. Potz Blitz! Der Strahl der Erkenntnis hat einmal die Erde umrundet. Der Faktor Einkommen dümpelt mit gleich großen Ausschlägen in beide Richtungen im Mittelfeld vor sich hin.

Die Außendarstellung eines Unternehmens ist die Hülle, von der wir wissen, dass man sie auch künstlich aufblasen kann. Sobald dann ein High Potential ins Innere eintritt, wird er sehr schnell merken, ob die äußere Fassade mit dem Innenleben übereinstimmt.

Ein tempelartiges Hauptgebäude, Fitnessraum im Keller und Freigetränke für die gesamte Belegschaft sind neben Hochglanzbroschüren eben noch kein Indiz für ein gutes Miteinander.

Die aus einer geschmeidig agierenden Konfliktbearbeitung entstehende Atmosphäre wird hiermit also ein Bewerbermagnet. In der martialischen Sprache von Personalgurus ist das ein entscheidendes Element im sogenannten »war for talents«, bei dem Unternehmen um hoch qualifizierte Nachwuchskräfte kämpfen. Bei diesen Formulierungen bekomme ich immer automatisch nässenden Hautausschlag, weil die Wortwahl die Kategorie des Handelns vorgibt – den Kampf.

TEIL 2:
Die Konflikt-
werkzeuge

Die Konfliktformel als Erklärungsmodell

Der Traum eines jeden Kommunikationswissenschaftlers ist es, DIE Formel für menschliche Kommunikation zu finden bzw. erfinden. Es entspricht offenbar dem Naturell des Menschen, mit Erklärungsmodellen zu hantieren.

Je einfacher, umso besser: Je größer die Zahl auf der Hantel ist, die ich stemme, desto stärker bin ich. Das sind einfache Kausalbestimmungen, jeder Excelspezialist kennt sie unter den Begriffen =WENN (BEDINGUNG;DANN;SONST). Ab einem bestimmten Komplexitätsgrad stehen die meisten Menschen dann mit exponentiell wachsender Bewunderung vor diesen Zahlen- und Buchstabenskeletten.

Der Satz des Pythagoras $a^2 + b^2 = c^2$ stellt für einige Schulabsolventen den Wendepunkt ihrer mathematischen Karriere dar. Ab dann schlägt es in Bewunderung um, wenn Menschen mit und ohne Inselbegabungen Buchstaben und Zahlen virtuos miteinander verschlingen können. Bei dem Lösungsversuch von $x^2 + 1 = 0$ wenden wir unseren Blick ab und schauen verschämt auf unseren Sudokublock. $x^2 = -1$ erscheint absolut suspekt.

Dagegen mutet die Einstein-Formel $E = mc^2$ luftig-leicht an. Die Beziehung von Masse und Energie erleben wir jeden Tag, wenn wir unseren Körper nach dem Couching-Fernsehabend ins Badezimmer wuchten. Die Tatsache, dass sehr kleine Mengen Masse in sehr große Mengen an Energie umgewandelt werden können und umgekehrt, sehen wir in Erinnerung an die Dessertkugeln jeden Morgen im Spiegel. Bei der Umkehrung des Wirkprinzips gibt es diesen legendären Tag im Jahr, wenn sich die ungeheure Energie von Vorsätzen gerade noch in den Kauf von Schweißbändern wandelt.

Blofeld hat sie – neuer James-Bond-Film?

Komplexes Reduzieren ist eine Ursehnsucht des Menschen.

Diese Umsetzung der Formel ist das Geschäftsmodell von Fitness-studios. Statistiken besagen, dass über 50 Prozent der Mitglieder passiv »trainieren«. In Anlehnung an diese Zahlen werden auch die Kapazitäten vorgehalten. Es wäre eine logistische Katastrophe, wenn alle plötzlich trainieren kämen. Aus eigener Erfahrung kann ich nur empfehlen, die ersten zwei Wochen des Jahres in einem Trainingsstudio auszusetzen, da die Überflutung des Trainings-areals mit discountgekleideten, hoch motivierten Startern eine erhebliche Belastung des eigenen Trainings darstellt. Ich habe noch nie so viele Schmerzensschreie und fluchend-humpelnde Fitness-götter erlebt wie in dieser Periode.

»Alle 11 Minuten trinke ich einen neuen cocktail – ich barshippe jetzt!«

Die Formel fürs Schlankwerden, die Formel für Erfolg, die Glücks-formel – alle entspringen der Sehnsucht nach einfachen, nachvoll-ziehbaren Zusammenhängen. Es gibt verschiedene Definitionen von »Formel«:

- eine Gleichung, die ein allgemein gültiges Gesetz ausdrückt
- ein fester, immer wieder verwendeter sprachlicher Ausdruck
- der Text für einen Eid / ein Glaubensbekenntnis / für die Begrüßung
- eine Klasse von Rennfahrzeugen mit festgelegten technischen Eigenschaften
- eine Kurzschreibweise, die die Struktur einer chemischen Verbindung beschreibt

Ironischerweise trifft meiner Ansicht nach die chemische Erklärung den Kern einer Kommunikationsformel. Der Begriff »Kurzschreib-weise« deutet auf eine Reduzierung hin, die der Verständlichkeit dient, eine »Struktur« ist das Muster von einzelnen Systemelemen-ten, die Beziehungen untereinander eingehen. Meine Ironie rührt daher, dass ich selber nie verstanden habe, wie die kleinen Zahlen an die Buchstaben von chemischen Elementen kommen.

Jetzt spielt er auch mit meinen Wünschen – Manipulation!

So, nun behauptet der Autor immer noch standhaft, DIE Konflikt-formel gefunden zu haben. Ja, das hat er!

Solange diese Formel als Unterstützung und Reflexionsmöglichkeit wahrgenommen wird, steht der Schreiber zu seiner wahnsinnigen Behauptung.

Nun will ich Sie aber nicht länger auf die Folter spannen und öffne den Vorhang vor meiner Formel:

$$\text{Konflikt} = \frac{\text{Umfeld}}{\text{Kontakt} \cdot (\text{Inhalt} + \text{Form})}$$

Die Formel: Links vom Gleichheitszeichen

Betrachten wir erst die Buchstaben links vom Gleichheitszeichen: den Konflikt. In einem ersten Schritt gilt es hier zu unterscheiden, ob es sich um eine Debatte, ein Spiel oder einen Kampf handelt.

$$\text{Konflikt (Debatte / Spiel / Kampf)} = \frac{\text{Umfeld}}{\text{Kontakt} \cdot (\text{Inhalt} + \text{Form})}$$

»Wer als Werkzeug nur einen Hammer hat, sieht in jedem Problem einen Nagel.« Watzlawick

Debatte, Spiel oder Kampf?

Als Elfjähriger reiste Anatol Rapoport 1922 mit seinen Eltern aus dem russischen Kaiserreich in die USA ein und entwickelte sich dort nicht nur zu einem Mathematiker und Biophysiker, sondern widmete sich als Philosoph auch der Friedens- und Konfliktforschung. In seinem Werk »Fights, Games and Debates« beschreibt er Debatte, Spiel und Kampf als die drei möglichen Ausprägungen eines Interessenkonflikts.

Interessant, die Kombination von Naturwissenschaftler und Philosoph

Damit wir alle vom gleichen Verständnis ausgehen, hier die entsprechenden Definitionen der Begriffe:

- Eine **Debatte** (»debate«) bezeichnet laut Duden eine lebhafte Diskussion oder ein Streitgespräch. Die Debatte ist beendet, wenn eine Seite die Argumentation der anderen übernimmt. Innerhalb der Debatte sind die Gesprächsbeteiligten **Partner.**
- Ein **Spiel** (»game«) ist ein Kräftemessen nach vereinbarten Regeln, die klar festlegen, wer gewonnen hat. Dabei machen ungleiche Spieler ein Spiel unter **Gegnern** zur Farce.
- Bei einem **Kampf** (»fight«) handelt es sich um eine Auseinandersetzung ohne Regeln, die mit der Unterwerfung oder physischen Zerstörung des Verlierers endet. Der **Feind** wird zerstört.

Zur friedlichen Lösung eines Konflikts schlägt Rapoport in seinem Buch vor, sowohl die eine als auch die andere Partei nach ihrer Definition des Problems zu befragen, und zwar nach folgendem Vorgehen: Zuerst erklärt A im Beisein von B dessen Standpunkt, und zwar so lange und ausführlich, bis B diese Darstellung für richtig erklärt. Dann versucht sich B an der Erklärung des Standpunkts von A, bis A damit zufrieden ist. Diese Technik, so Rapoport, führt automatisch zur Entschärfung des Problems, bevor der Konflikt eskaliert, weil A und B zumindest gedanklich bereits Verständnis für den anderen entwickeln mussten und so schon einmal der Austausch von Gedanken, Ideen und Werten erfolgt ist. Dieser Perspektivenwechsel ist übrigens in das Verhandlungsprinzip des Harvard-Konzepts eingeflossen, einer von der Harvard Law School praktizierten Methode der sachbezogenen Verhandlung, deren Ziel der größtmögliche Nutzen für beide Parteien ist. Dabei können dann auch die bislang guten Beziehungen der Parteien erhalten bleiben. Eine echte Win-win-Lösung.

Das Einfühlen in die Situation des anderen ist das Geheimnis.

Die Dreiteilung Rapoports erscheint mir durchaus nachvollziehbar und sinnvoll, sodass ich sie übernommen habe.

Die erste Frage bei einem auftretenden Konflikt lautet also: Welche der drei Erscheinungsformen zeigt sich aktuell?

1. Kategorie Debatte

Voraussetzung für eine Debatte ist, dass beide Partner die grundsätzliche Bereitschaft haben, ihre Meinung aufzugeben. Dazu gehört zunächst eine positive emotionale Grundstimmung dem Gesprächspartner gegenüber sowie weiterhin die persönliche Größe, gegebenenfalls zugeben zu können, dass die eigene Meinung doch nicht das Nonplusultra ist. Entscheidend in der Debatte ist, inwiefern uns die andere Partei überzeugt.

Manche empfinden das als persönliche Kränkung

Das wird spätestens in der »Warum«-Phase kleiner Kinder deutlich. Wir Erwachsenen wissen natürlich, wie ein Auto funktioniert, warum es nützlich ist, sich die Zähne zweimal täglich zu putzen, und warum die Steuern gesenkt werden müssten. Bei der Bitte um detaillierte Erläuterungen schlägt der Blitz der Erkenntnis ein, die einzelnen Schritte, Ursache und Wirkung doch nicht im Detail verstanden zu haben. Erklären Sie mal, was »paranoid« bedeutet. Vielleicht so? Man ist alleine zu Hause und sperrt die Tür ab, wenn man auf Toilette ist. Was ist dann schizophren? Wenn jemand an die Tür klopft!

Also reicht die klassische Form der Argumentation – »Das ist notwendig, weil …« – nur bedingt zum Überzeugen aus. Hier ist eine Schritt-für-Schritt-Mitnahme des Gesprächspartners zielführender. Diese Gedanken haben einschneidende Auswirkungen auf die sogenannte Nutzenargumentation von Verkäufern.

Der Nutzen wird immer nur vom Kunden empfunden, ohne seine Emotion ist es nur Mehrwert.

Was passiert im Alltag und Berufsleben vorrangig bei Konflikten? Diese starten oft mit dem Stadium der *Debatte*. Mit hohem Engagement und jeder Menge Inbrunst wird versucht, den Partner mit Argumenten und anderen rhetorischen Mitteln zur Aufgabe seiner Meinung zu überreden. Diese Form der Auseinandersetzung kann verbal-ästhetisch ein hoher Genuss sein oder ist von Lautstärke und rüpelhaftem Verhalten geprägt. Viele Mitbürger schwärmen von der legendären Debattenkultur innerhalb des Deutschen Bundestages. Dann fallen meistens die Namen Wehner, Strauß und Brandt sowie Beispiele spannender Fernsehduelle, in denen Politiker mit Worten fechten.

Googeln Sie mal das Stichwort »Politiker-Fight-Club«, und Sie werden Videomitschnitte finden, die Ihre Ehrfurcht vor der Wortgewalt schlagartig minimieren. Alleine schon das Wort »Fernsehduell« mutet hier irritierend an, da im Gegensatz zum Film »High Noon« beide Kontrahenten lebend das Fernsehstudio verlassen. Wortakrobaten faszinieren seit Jahrtausenden, und Rhetorikbücher und -seminare stehen auf der Beliebtheitsskala von Fortbildungen ganz oben.

2. Kategorie Spiel

Je einfacher die Regeln sind, umso besser!

Für ein Spiel hat dessen Erfinder detaillierte Regeln bezüglich der Spielabfolge und der folgenden Ereignisse, des Einsatzes der Spielfiguren, des Ziels des Spiels und des Zeitpunkts des Gewinns festgelegt.

Beim Malefiz gewinnt derjenige Spieler, der als Erster einen seiner Spielsteine mit direktem Würfeln in das Zielfeld bringt. Alle Spielbeteiligten setzen voraus oder vereinbaren lautstark zu Beginn des Spiels, sich an die Regeln zu halten.

Hier gibt es also explizit oder implizit Regeln, an die »man« sich hält. Das kann auch die festgeschriebene Geschäftsordnung bei Vereinssitzungen sein oder der Moderator, der für einen gesitteten Ablauf der Diskussion sorgen soll.

Weiterhin dienen die guten Umgangsformen, Sitte und Moral als Maßstäbe für das Miteinander. Die lautstarken Zwischenbemerkungen Herbert Wehners während der Bundestagsdebatten und die damit verbundenen Ordnungsrufe des Bundestagspräsidenten gelten als fragwürdige Form des politischen Umgangs. Für Teammeetings sind Kommunikationsregeln festgelegt, und auch in der Schule wird den Kleinen schon beigebracht, höflich andere ausreden zu lassen.

»clever streiten für Kids« – eine Initiative der Stiftung Mediation e.V. in Schulen

Regeln bieten also in Konfliktsituationen die Chance, von übergeordneten Stellen Entscheidungen fällen zu lassen, die das soziale Zusammenleben regeln: Wer seine Ziele erfüllt, wird befördert; der Plan desjenigen, der die Mehrheit hinter sich zieht und die Abstimmung gewinnt, wird umgesetzt; wer den höchsten Umsatz macht, wird Mitarbeiter des Monats.

3. Kategorie Kampf

Die Vokabeln »Sieger« und »Verlierer« sprechen für die Kategorie Kampf. Bei dieser archaischen Form der Auseinandersetzung gibt es keine Regeln, und der Kampf ist erst dann entschieden, wenn es einen Sieger und einen Verlierer gibt. Die Niederlage muss nicht automatisch zum Tod führen, also die physische Vernichtung beinhalten. Das demütigende Signal der Aufgabe und somit der Akzeptanz der Niederlage reichen aus. Das Schwenken der weißen Fahne, das Beugen des Knies oder das Niederlegen des Schwerts zu Füßen des Siegers ist uns ja aus vielen Leinwandspektakeln bekannt. Das aus Sandalenfilmen und historischen Epen überlieferte Zeichen »Daumen hoch« des Cäsars für die Begnadigung von Gladiatoren ist übrigens historisch und wissenschaftlich nicht belegbar. Es gibt Indizien, dass der nach oben gestreckte Daumen das Schwert symbolisierte und damit den sicheren Tod bedeutete. Eine Begnadigung des unterlegenen Kämpfers wurde vom Volk mit dem Schwert in der Scheide und dem auf den Zeigefinger gepressten Daumen kundgetan. Daraus entstand das heutige »Daumendrücken«, eine geläufige Solidaritätsbekundung, wenn es »ums Ganze« geht.

weitreichende Folgen für Social-Media-Plattform – Like ist also falsch rum ;-)

Diese dritte Kategorie klingt in der einfachen Darreichungsform sehr martialisch. Es gibt nur Gewinner oder Verlierer, und Letzterer verliert eventuell sogar sein Leben. Im beruflichen Kontext muss es nicht immer gleich das Leben sein, das man verliert. Manchmal rufen auch kleinere Vorfälle eine tiefgreifende Kränkung hervor wie z.B. die Niederlage des erfahrenen Abteilungsleiters um die Einführung eines neuen Computerprogramms gegen die Nerds aus der IT-Abteilung.

Ich glaube, dass dies häufiger vorkommt, als wir uns eingestehen.

Heute sind wir dann nicht mehr ganz so unterwürfig, zeigen aber immer noch aggressionshemmende Verhaltensweisen wie Verneigen, offene Handflächen oder soziale Putzhandlungen, so wie Primaten.

4. Mischformen

Die einzelnen Kategorien treten selbstverständlich selten in der jeweiligen Reinform auf, sondern, wie sich schon in den vorangestellten Beispielen andeutete, als Mischform innerhalb der Interaktion. Der Kontakt untereinander kann sich auch im Kategorien-Hopping bewegen. Beide Konfliktparteien wechseln raffiniert die Kategorien und umschleichen sich beobachtend und abschätzend; bereit, jeweils auf das Verhalten des anderen mit einer Finte oder einem taktischen Ablenkungsmanöver zu reagieren. Wieso kommen mir da gerade Parallelen zum Balzverhalten von Tieren oder dem Flirten in den Sinn? Oder das Balltreten, der Deutschen beliebteste Sportart?

Das ist wahrscheinlich die Kunstform dabei!

Beim Pokalendspiel im deutschen Fußball hämmert der Mittelstürmer in der 93. Minute beim Stand von 2:2 die traumhafte Flanke ins gegnerische Tor. Pfiff des Schiedsrichters wegen angeblichen Abseits. Spielertraube um den Schiedsrichter, leichte Schubsereien, Verbalattacken.

Das Irritierende an dieser Situation ist, dass die Kategorie von vornherein klar ist: Es heißt ja Fußball *spielen*. Auf 124 Seiten sind die 17 Regeln des Deutschen Fußballbundes festgelegt. Wer darf was, was passiert, wenn jemand die Regel verletzt. Fällt also eigentlich in die Kategorie »Spiel«.

Trotzdem versuchen Spieler, den Schiedsrichter zu *überzeugen*, dass seine Sichtweise falsch ist, dass er Tomaten auf den Augen hat. Wohl wissend, dass es immer eine Tatsachenentscheidung ist, an der nicht zu rütteln ist. Also doch eine Debatte.

Und dann wird auch schon mal probiert, durch sanfte Körperberührungen und den Einsatz von Spucke den Übeltäter *niederzuringen* – hier haben wir den Kampf.

Und genau diese Vermischung macht meiner Ansicht nach die Faszination dieses Spiels aus. Das Pendeln zwischen den Kategorien, die Tatsache, dass alle drei jederzeit möglich sind. Und somit auch, dass alle Zuschauer eingebunden sind – die Diskussionsstarken, die Regelpeniblen und die Blutgrätscher.

Oder betrachten wir mal ein Gesprächsduell, das zu einem Kuriosum wird, wenn sich Debatte und Kampf vermischen. Willy Brandt versuchte 1987 im sogenannten »Kanzlerstreit« nicht wirklich, Helmut Kohl zu überzeugen, genoss aber sichtlich den verbalen Schlagabtausch mit der Absicht, den damaligen Bundeskanzler taumeln zu lassen. Oder denken Sie an einen Teamleiter, der eine Restrukturierungsmaßnahme, die von oben angewiesen ist, verbal ordentlich aufpoliert, weil er meint, damit seine Mitarbeiter zu überzeugen. Einfacher wäre es, diese Änderung mitzuteilen und deren Umsetzung anzuweisen, weil eine Diskussion darüber von vornherein sinnlos ist.

Besonders kurios werden Situationen, wenn »Erziehungsberechtigte« versuchen, mit ihren hormongesteuerten Lieblingsmenschen, also den Kindern, während deren Pubertät argumentativ

Am 23. Oktober 1863 wurden von den Universitäten Cambridge und Oxford die ersten Regelabsprachen getroffen, damit sie sich nicht vor jedem Spiel auf Regeln einigen mussten.

und vernünftig zu sprechen. Diese Wesen sind von inneren und äußeren Kämpfen eingenommen mit dem Versuch, sich zu finden und von der Umwelt abzugrenzen. Da stößt Überzeugungsarbeit (Debatte) im wahrsten Sinne des Wortes auf taube Ohren, auf sofortige Ablehnung (Kampf).

Das heißt,
vorher offen
über die
Kategorie der
Auseinander-
setzung
sprechen!

An diesen Beispielen wird deutlich, dass es zwangsläufig dann zu Missverständnissen und Konflikten kommt, wenn die Gesprächspartner sich in verschiedenen Kategorien befinden und nicht davon abrücken bzw. gar nicht wissen, dass dem so ist.

Die Formel: Rechts vom Gleichheitszeichen

Kommen wir wieder zurück zur Formel, die eingangs nur kurz angerissen wurde, und widmen uns nun der genaueren Betrachtung der Komponenten rechts des Gleichheitszeichens.

$$\text{Konflikt} = \frac{\text{Umfeld}}{\text{Kontakt} \cdot (\text{Inhalt} + \text{Form})}$$

Zum Verständnis ist nur einfaches mathematisches Grundwissen vonnöten:

Zahl oben (Zähler) größer = Konflikt größer

$$\rightarrow \quad \frac{1}{1} \quad \frac{2}{1} \quad \frac{3}{1} \quad \frac{4}{1}$$

Zahl unten (Nenner) größer = Konflikt kleiner

$$\rightarrow \quad \frac{1}{1} \quad \frac{1}{2} \quad \frac{1}{3} \quad \frac{1}{4}$$

Der Zähler

$$\text{Konflikt} = \frac{\text{Umfeld (Firma + Gesellschaft + Privat)}}{\text{Kontakt} \cdot \text{(Inhalt + Form)}}$$

Der Zähler, das Umfeld, setzt sich zusammen aus den Komponenten, die unser aller Leben bestimmen: unsere tägliche Arbeit, wie immer sie auch geartet sein mag (Firma), unsere Mitmenschen, also das soziale Um-uns-Herum (Gesellschaft), und unsere individuelle Umgebung (Privat).

Beim Zähler geht es hauptsächlich mal wieder um Werte, Normen, Regeln, die das Zusammenleben bestimmen. Je größer die Ansammlung innerhalb der sozialen Kohorte ist, umso mehr Konfliktpotenzial kann es geben. Denselben Effekt hat es, wenn die Werte und Normen einem großen Ideal huldigen. Nach der oben beschriebenen mathematischen Korrelation bedeutet dies ebenfalls eine Vergrößerung des Konfliktareals.

In jedem Besprechungsraum liegen jetzt bei uns Tischaufsteller mit den Sitzungsregeln.

Firma: Im Firmenkontext betrifft das Stellenbeschreibungen, Kompetenzanforderungen im Personalbereich, die Brandschutzordnung usw. Je klarer diese formuliert sind und gelebt werden, je kleiner der Spielraum ist, umso kleiner werden mögliche Konflikte. Gerade bei den Stellenbeschreibungen treffe ich auf einen neuralgischen Punkt: Fast alle wurden schon vor Jahren niedergelegt, in ihnen sind neben organisatorischen Angaben die Haupt- und Nebenaufgaben fixiert. Geadelt wird dieses Schriftstück nur noch durch die Kompetenzfestlegung, also durch den Entscheidungs- und Ermessensspielraum. So fristen diese Papiere ein immer wieder leicht modifiziertes Leben in Personalakten. Brisant werden diese Dokumente erst, wenn es vor das Arbeitsgericht geht, sei es bei einer Abmahnung oder einer Kündigung. Dann wird explizit geschaut, ob das bemängelte Verhalten überhaupt im Aufgabenbereich des Stelleninhabers angesiedelt werden kann. Dann ertönen die legendären Sätze der beklagten Arbeitgeber: »Ja, sollen wir

Eigene durchsehen!

denn da reinschreiben, dass er / sie morgens unfallfrei durch die Eingangstür kommen soll?« Meiner Ansicht nach muss eine Stellenbeschreibung von Anfang an stützende Orientierungshilfe geben. Wenn der Arbeitsrahmen nicht sauber und einvernehmlich im Voraus abgesteckt wurde, birgt dies per se eine konfliktöse Stolperfalle.

Gesellschaft: Ähnliche Überlegungen können Sie auf das Konstrukt Gesellschaft übertragen. Die Begriffe »Demokratie« und »Diktatur« beinhalten letztendlich die einzelnen Unterpunkte einer gesellschaftlichen Stellenbeschreibung – wie es gemeinsam funktionieren soll, auf welchen Grundwerten und Lebensregeln das Miteinander basiert. Dort steht auch, was der Einzelne darf und zu lassen hat. Dass die einzelnen Punkte weiträumige Interpretationsmöglichkeiten zulassen – diese Tatsache füllt jeden Tag die unterschiedlichen Medien.

gewagte Formulierung

Dass es in diesem Kontext zu äußerst schwierigen Situationen kommen kann, verdeutliche ich Ihnen an einem Gedankenexperiment, das automatisch in ein moralisches Dilemma führt. In der Literatur wird es unter den Namen »Trolley-Experiment«, »Weichenstellerfall« oder »Fetter-Mann-Problem« geführt. Allen Geschichten liegt dasselbe Konstrukt zugrunde: Ein Güterzug oder eine Straßenbahn droht außer Kontrolle zu geraten und mehrere Menschen mit hoher Wahrscheinlichkeit zu töten. Ein Beobachter kann durch direktes Eingreifen, nämlich das Stoßen eines adipösen Menschen auf die Fahrstrecke, das Unglück verhindern. Er muss aber billigend in Kauf nehmen, einen einzelnen Menschen dadurch zu töten. Die Frage lautet nun: Soll man den Tod eines Menschen akzeptieren, um mehrere Menschen zu retten?

Da bin ich froh, dass meine falschen Entscheidungen »nur« Geld kosten. Jeder Polizist im Einsatz, jeder Feuerwehrmann und jeder Zugführer kann eine andere Tragweite seiner Entscheidungen erleben. Menschen mit diesen Traumata erlebt Anita in ihrer Praxis.

Im Oktober 2016 strahlte das deutsche Fernsehen einen spektakulären Fernsehfilm aus: Ein Luftwaffenpilot fällte die Entscheidung, eine mit Passagieren besetzte Verkehrsmaschine abzuschießen, bevor sie von ihren Entführern in ein voll besetztes Fußballstadion gelenkt werden konnte. 87 Prozent der fast sieben Millionen Zuschauer sprachen den Kampfpiloten vom Vorwurf des Mordes frei. Ein wahrlich moralisches Dilemma, inhaltlich eventuell nachvollziehbar, aber auch verfassungsrechtlich kontrovers diskutiert.

In Bezug auf diese gesellschaftliche Frage halten sich verschiedene Mythen, zum Beispiel die des gesetzlichen Notstandes. Darauf berufen sich die Befürworter von Aktionen, die Leben in Qualität und Quantität gegeneinander abwägen. Sie berufen sich auf den übergesetzlichen Notstand. Dieses gesetzliche Konstrukt ist nirgendwo in deutscher Detailfreude beschrieben, auch wenn häufig § 35 StGB dazu angeführt wird.

Keinem Menschen ist zu wünschen, dass er in die Lage kommt, so eine Entscheidung fällen zu müssen.

Privat: Im Kontext dieses Buches fällt da natürlich als Erstes das Eheversprechen ein: »Kenneth-Dietmar, ich frage dich vor Gottes Angesicht: Nimmst du deine Braut Shanina-Josephine als deine Frau, und versprichst du, ihr die Treue zu halten in guten und schlechten Tagen, in Gesundheit und Krankheit, und sie zu lieben und zu achten und zu ehren, bis der Tod euch scheidet? Dann sprich: Ja, mit Gottes Hilfe!«

Das ist eine vollständige und unmissverständliche Zutatenliste für den Umgang miteinander:

- Treu sein im Sinne der Monogamie, also mal auswärts naschen und zu Hause essen gilt hier nicht.
- In guten und schlechten Tagen bedeutet, keinen Unterschied zu machen beim Lottogewinn oder beim Leben unter der Brücke.
- Gemeinsam durch dick und dünn zu gehen bezieht sich nicht nur auf die Kleidergröße.
- Liebe bedeutet konstante Hormonausschüttung und semipermeable Betrachtung, wenn der verträumte Blick auf die angetraute Person fällt.

- Achtung und Ächtung liegen zwar nur einen Buchstaben auseinander, gemeint ist die Wert-Schätzung, jedoch nicht im Sinne vom Gegenwert Kamel.
- Ehren ist die Sichtweise, den anderen als einen wunderbaren Teil der Schöpfung anzusehen. Bitte beachten Sie dabei die adäquate Altarhöhe, damit Sie jeden Tag ohne Leiter die Kerzen anzünden können.
- Zum Schluss ist das präzise Mindesthaltbarkeitsdatum in Millisekunden genau angegeben.

Ziehen wir den Kreis weiter über die gemeinsame steuerliche Veranlagung. Wobei hier der Begriff »Ehegattensplitting« schon einen ersten Keil in die Beziehung treiben kann. Wer weiß, was sich hinter den Kombinationen III/V und IV/IV verbirgt und immer noch zusammen ist, hat schon die erste Diskussionsrunde überstanden.

»Finanztest« überschlägt, dass eine Heirat durchaus 10 000 € im Jahr bringen kann. Alle Erfahrenen wissen, dass diese Entscheidung hinterher ein Vielfaches kosten kann. Ist auch total unromantisch, beim Heiratsantrag »Schatz, wollen wir zusammen Steuern sparen?« zu fragen. Der tröstliche Aspekt ist, dass beide in den gesetzlichen Güterstand der sogenannten Zugewinngemeinschaft eintreten. Einer haftet nicht für die Schulden des anderen! (Dies ersetzt keine Rechtsberatung und begründet keinen Anspruch auf Schadensersatz beim Autor – auch Heiratsanfragen sind zwecklos).

Des Weiteren reden wir von gegenseitigen Freiheitsgraden: Ein starres System, also eine Partnerschaft, hat drei Translationsfreiheitsgrade und drei Rotationsfreiheitsgrade. Bevor es technisch zu kompliziert wird: Mann darf am Wochenende auf den Fußballplatz und Frau hat regelmäßig Mädelsabend. Das wird also unter den Konflikt-, ähm Partnerschaftsparteien frei verhandelt und strebt bei zeitgemäßen Sichtweisen nach einer Balance.

Ähnliches gilt bei Erziehungsfragen, wobei wir uns hier dem Punkt nähern, wo die eigene Sozialisation und Erwartungen der Gesellschaft permanent ins Blickfeld drängen. »Darf Kevin-Jonathan bei der Games-Convention ›biss zum Morgengrauen‹ bleiben?« Damit ist alles gesagt!

»Das macht man nicht!« Gesellschaftliche Normen und der ungeschriebene Verhaltenskodex beeinflussen auch die Keimzellen von Partnerschaften. Wir sind ein Produkt unseres sozialen Umfelds und machen alle fast die gleichen Fehler, mit denen wir aufgewachsen sind. Angeblich ist es unschicklich, Kartoffeln mit dem Messer zu schneiden. Ja, galt früher, als die Messer aus Silber waren und mit der Stärke im Erdapfel reagierten. Ich zerquetsche sie noch heute mit der Gabel, da ich der Illusion aufsitze, dass sie dann besser die Sauce aufnehmen.

Das alles ist zwischen den Verbandelten selbstverantwortlich auszutarieren. Taucher nehmen dazu Blei und lassen ab und zu Luft ab. Welch fantasievolle Synonyme für eine intime Sozialpartnerschaft!

Der Nenner

Damit Sie nicht blättern müssen, hier noch mal die Originalformel:

$$\text{Konflikt} = \frac{\text{Umfeld}}{\text{Kontakt} \cdot (\text{Inhalt} + \text{Form})}$$

Beim Nenner innerhalb der Formel schlüsselt sich der Term in verschiedene Komponenten auf.

$$\text{Konflikt} = \frac{\text{Umfeld}}{(\text{X} \cdot (\text{Gehirn} + \text{Emotion})) \cdot ((\text{Rhetorik} + \text{Muster}) + (\text{Stimme} + \text{Körpersprache}))}$$

Kontakt (X · (Gehirn + Emotion)

X: Das »X« steht für die Anzahl der Beteiligten. Die Frage, ob ich wieder mit Rauchen anfange, ist ein innerer Konflikt mit mir selbst. Da nur ich mit mir anwesend bin, ist in diesem Fall $X = 1$. Beim Ehestreit sind in unserem Kulturkreis in der Regel zwei Personen anwesend, sodass $X = 2$ ist. Ein ganzes Team kann dann bedeuten, dass X noch größer wird. Den Mathematikfüchsen fällt natürlich sofort auf, dass das streng genommen bedeutet: Der Konflikt wird kleiner, je mehr Leute beteiligt sind. Eine elegante Erläuterung dieser Unschärfe ist ein gruppendynamisches Phänomen.

Die Entwicklungsphasen einer Gruppe sind, basierend auf dem Phasenmodell des US-amerikanischen Psychologen Bruce Tuckman:

1. Phase: Orientierung (Forming)
2. Phase: Positionskampf und Rolle (Storming)
3. Phase: Vertrautheit und Intimität (Norming)
4. Phase: Differenzierung (Performing)
5. Phase: Trennung und Ablösung (Closing)

Die 5. war mir nicht geläufig

Dabei kann es in der zweiten Phase zur Bildung von Untergruppen kommen, die konfliktverlagernd wirken. Ich hatte an anderer Stelle schon darauf hingewiesen, dass es bei der Formel um Wirkmechanismen und Zusammenhänge geht. Bei einigen Termen ist es schwierig, die entsprechenden Einheiten anzugeben. Ginge faktisch noch bei einigen – Gehirn in Gramm, Rhetorik in Wortanzahl, Stimme in Dezibel und Körpersprache in Winkelgrößen; aber Emotion in Grad Celsius? Hier wird es jetzt sehr skurril.

Gehirn: Mit »Gehirn« ist die graue Masse gemeint, die uns etwas vorgaukelt, getreu dem Satz von Heinz Erhardt: »Glauben Sie nicht alles, was Sie denken!« Über die in Jahrtausenden gewachsenen drei Gehirnteile habe ich schon an früherer Stelle geschrieben. Begriffe, die sich diesem Term der Gleichung zuordnen lassen, lauten: Intelligenz, Gedächtnis, logisches Denken, Systematik, Wahrnehmung, Vorstellungskraft, Querdenken.

Picken wir uns als Beispiel für das Gehirn die Wahrnehmung heraus und wie trügerisch sie sein kann. »Ich hab das doch selber gesehen! Mit meinen eigenen Ohren habe ich es gehört! Daran erinnere ich mich ganz genau – er war's!« Das sind Sätze, die uns herausrutschen, wenn wir auf unserer Wahrheit beharren. Mittlerweile bin ich davon überzeugt, dass es pro Individuum eine Wahrheit gibt. Das ist natürlich ein ungünstiger Umstand für ein Zusammenleben, in dem Recht und Ordnung gelten. Unser Sozialkitt beruht auf einem übergeordneten Verständnis der Begriffe.

Ups!

Im Internet finden wir unter den Stichworten »Wahrnehmung«, »optische Täuschung« oder »Escher Bilder« genügend Beispiele, auf welche Weise ebendiese Wahrnehmung uns Streiche spielt. Meine liebsten sind Videos über »The Monkey Business Illusion«, »Colour Changing Card Trick«, »Test_Your_Awareness_Whodunnit« und »The Rubber Hand Illusion« – in der Reihenfolge.

Hammer – unglaublich, was wir übersehen!

Ein weiteres »Wahrnehmungs«-Phänomen habe ich bei mir selber beobachtet. Ich muss aufgehübschte Geschichten nur oft genug erzählen, damit ich sie selber glaube. Ich bin in früheren Jahren alleine mit einem Trinkrucksack 38 km am Stück gelaufen. Daraus habe ich abgeleitet, dass ich problemlos einen Marathon laufen könne, und das habe ich auch immer allen erzählt – und geglaubt. Vor Kurzem fand ich die archivierten Daten meiner Fitnessuhr. Es waren nur 32 km. Wer den »Mann mit dem Hammer« beim Laufen kennt, weiß, dass nach 32 km das Schwierigste erst noch bevorsteht.

Ein einfaches Experiment zeigt, dass die Manipulierbarkeit der Wahrnehmung bei Zeugen relativ groß ist: Probanden bekamen das Video einer Straftat gezeigt, und Freiwillige von ihnen sollten anschließend bei einer Gegenüberstellung den Täter identifizieren. 70 Prozent der Zeugen zeigten dann auch auf einen Verdächtigen, fest davon überzeugt, dass sie diesen wiedererkannt hatten. Keiner der dort gezeigten Verdächtigen hatte jedoch im Video mitgespielt. Wir konstruieren uns im Gehirn unsere Welt, und in diesem Fall kennen wir die Voraussetzung für die Identifikation des Täters: Er muss auf der anderen Seite der Glasscheibe stehen. Hoffentlich werde ich nie beklagt und mein Schicksal hängt dann von Zeugenaussagen ab.

selektive Wahrnehmung

Es scheint also völlig normal zu sein, dass *ein* Individuum *eine* Wirklichkeit hat; schwieriger wird es, wenn eine Person zwei Wirklichkeiten hat, doch das ist wieder ein anderes Thema …

Emotion: Beim Aufpoppen einer Emotion wird ein Assembly, bestehend aus einer Gruppe von Neuronen, aktiviert. Sie erinnern sich an These 3: Für jeden Begriff und jede Erinnerung bilden sich typische Anordnungen, die abgespeichert sind und durch einzelne Schlüsselreize aktiviert werden können. Und dann spulen sie einfach ab. Ohne nachzufragen, ob denn die Reaktion auch adäquat ist – das Naserümpfen Ihres Chefs während Ihrer Präsentation kann bedeuten, dass er angewidert oder unangenehm überrascht ist oder aber, dass er gleich einen Niesanfall haben wird.

Gefühlswallungen sind, wie ich schon erklärt habe, in unserem Reptiliengehirn verankert, also teilweise archaisch vorbestimmt. Wir wurden in unserer Kindheit tagtäglich damit konfrontiert, und es haben sich folglich über einen längeren Zeitraum Nervenbahnen verschaltet, die nicht wieder löschbar sind. Auf die Schnelle lassen sich Emotionen also garantiert nicht in den Griff kriegen.

Vor Jahren hing der Begriff der »Emotionalen Intelligenz« (auch »EQ« genannt) als weit sichtbare Fahne im Fortbildungswind. Die einfachste Definition dieses Begriffes bezieht sich auf die Fähigkeit, eigene und fremde Gefühle wahrzunehmen, zu verstehen und mit ihnen umzugehen. Wenn jeder mit einem hohen »EQ« gesegnet wäre, würde es weitaus weniger Konflikte in der Welt geben.

Da dem aber nicht so ist, wäre es schön, eine Art »Nachschlagewerk« für die Emotionen zu haben, in dem man nachlesen könnte, um was für eine es sich gerade handelt und wie damit umzugehen ist. Zum Jahresende 2014 besuchte ich in diesem Zusammenhang eine Fortbildung über das »FACS«, das »Facial Action Coding System« von Paul Ekman. FACS ist eine Technik zur Erkennung von Mimik und der sich damit ausdrückenden Emotionen. Damit kann ein echtes von einem falschen Lächeln unterschieden werden. Wir alle merken den Unterschied, können dies aber nicht erklären oder begründen. Das FACS ordnet jeder sichtbaren Bewegung der Gesichtsmuskulatur eine Bewegungseinheit (engl. Action Unit, AU) zu. So kann man Gesichtsausdrücke wie bei einer Notenschrift schriftlich erfassen. Mit diesem System erfüllen sich einige Menschen einen lang gehegten Wunsch: eine wissenschaftlich belegte Analyse, mit deren Hilfe man erkennen kann, was das Gegenüber wirklich denkt, weil man ja neben den auditiven Informationen noch seine Gesichtszüge deuten kann. Diese Dekodieranhänger tauchen immer dann auf, wenn es von öffentlichem Interesse ist, ob eine Person die Wahrheit sagt. Ob Politiker, die sich im Wahlkampf befinden, oder Skandalbeteiligte, die Stein und Bein schwören, dass sie von den Manipulationen nichts gewusst hätten, lügen und wie lange die Ehe von Prominenten noch hält – das alles lässt sich angeblich aus Hochglanzbildern und TV-Mitschnitten zweifelsfrei erlesen.

Es sind die Augen

Oma sagte immer: »Ich seh's dir an der Nasenspitze an, wenn du lügst!«

Es erscheint sinnhaft, dass sich die Emotionen eines Menschen in seinem Gesicht widerspiegeln. Wir alle kennen die Formulierung »Ihm sind die Gesichtszüge entgleist«. In einem sehr kurzen Moment, einem Sekundenbruchteil nach Erhalt einer ungewöhnlichen Nachricht, zeigen wir unsere wahre Reaktion. Doch einen Lidschlag später gewinnt unsere gesellschaftlich antrainierte Maske wieder die Oberhand. So richtig hilfreich ist das FACS also nicht …

Also beim Reden genau beobachten

Was ist nun aber zu tun mit den Gefühlen? Dieser Frage bin ich schon weiter vorne unter »Emotionsmanagement« nachgegangen und habe geschrieben, dass die drei Grundbedürfnisse

1. Bindung / Beziehungen,
2. Sicherheit und
3. Entwicklung

erfüllt sein müssen. Dafür ist es hilfreich, die zugrundeliegenden Gefühle auch genau benennen zu können.

Damit sich das Repertoire an Gefühlsäußerungen erweitert, finden Sie nachfolgend eine Liste von Begriffen, die von mir wahllos gesammelt worden sind. In die leeren Felder tragen Sie weitere Vokabeln Ihres Gefühlsrepertoires ein.

Sie kennen vielleicht das Spiel »Wer bin ich?«, bei dem Menschen Post-its mit Namen berühmter Leute auf die Stirn geklebt werden und sie selber erraten müssen, wer sie gerade sind. Wandeln Sie das Spiel zu der Variante »Wie fühle ich mich?« ab. Achten Sie darauf, dass genügend Getränke und blutzuckersteigernde Feststoffe zur Verfügung stehen – das Spiel kann lange dauern! Sagen Sie nachher nicht, ich hätte Sie nicht gewarnt! Autor und Verlag übernehmen keine Haftung für daraus entstehende Beziehungs- und Vermögensschäden.

abgelenkt	abgeneigt	abgeschnitten	abgestumpft	abstoßend
abwehrend	abwesend	achselzuckend	ächzend	aggressiv
ahnungslos	alarmiert	allein gelassen	am Boden zerstört	am falschen Platz
ambivalent	angeekelt	angegriffen	angenehm	angenommen
angespannt	angestrengt	angewidert	angreifend	ängstlich
angstvoll	antriebsarm	apathisch	ärgerlich	argwöhnisch
arrogant	atemlos	aufbrausend	aufdringlich	aufgebracht
aufgeräumt	aufgewühlt	aus dem Gleichgewicht	aus heiterem Himmel kommend	ausgeglichen
ausgelassen	ausgenutzt	ausgeruht	ausgestoßen	ausweichend
bedrängt	bedroht	bedrückt	befremdet	begeistert

begrenzt	behaglich	beladen	belastet	belästigt
beleidigend	beleidigt	benachteiligt	benebelt	bereichert
berührt	beschäftigt	beschämt	beschützt	besitzergreifend
besorgt	bestrafend	bestürzt	betäubt	betroffen
betrübt	beunruhigt	bitter	bösartig wütend	böse
brutal	daneben	dankbar	depressiv	deprimiert
desillusioniert	desinteressiert	desolat	desorientiert	distanziert
durcheinander	durstig	düster	eifersüchtig	eingeengt
eingeschüchtert	einsam	ekelhaft	elektrisiert	elend
empfindlich	empört	energielos	entmutigt	entnervt
entrüstet	entsetzt	enttäuscht	erbarmungslos	erheitert
erhitzt	erkältet	ermüdet	erregt	errötend unbeholfen
erschöpft	erschreckt	erschrocken	erschüttert	erstarrt
ertappt	erwartungsfroh	erzürnt	falsch	fassungslos
faul	feige	feindlich	feindselig	feststeckend
fluchend	fordernd	frei	freudlos	friedlos
froh	fröhlich	frustriert	fühlend	fürchterlich
furchtsam	gedankenlos	gedemütigt	gedrängt	geduldig
geehrt	gefangen	gefühlsarm	gehässig	gehemmt
geistesabwesend	geistig	geknickt	gekränkt	gelähmt
gelangweilt	gelassen	geliebt	gemartert	gemein
gemobbt	genervt	gequält	gereizt	geschätzt
geschockt	gestelzt	gestresst	getrennt	getroffen
gewalttätig	gewürdigt	gezwungen	giftig	gleichgültig
glücklich	grantig	grausam	griesgrämig	grob
gut drauf	halsstarrig	handlungs- unfähig	hart	hasserfüllt
heilig	heiter	hektisch	herabgesetzt	herablassend
herabwürdigend	herrisch	herunter- gekommen	heruntergezogen	herzend
hilflos	himmelhoch- jauchzend	hinhaltend	hintergangen	hitzköpfig
hoffnungsvoll	höhnisch	hundsmiserabel	hungrig	im Stich gelassen

in der Hölle	in der Opferrolle	in die Enge getrieben	in Panik	inkompetent
instabil	intolerant	introvertiert	irritiert	jämmerlich
jammernd	kalt	kaltschnäuzig	keine Gefühle habend	klagend
klammernd	kochend vor Wut	konfus	kontrollierend	kraftlos
krank	kreischend	kritisch	kühl	kummervoll
künstlich	labil	lahm	launisch	laut
leblos	leer	leidend	leistend	leistungsstark
lethargisch	liebevoll	lieblos	lustlos	machtvoll
mäkelnd	manipulativ	masochistisch	matt	mechanisch
melancholisch	mies	miesepetrig	minderwertig	miserabel
missmutig	misstrauisch	mit gebrochenem Herzen	mit hängenden Schultern	mit sich selbst unrein
mit ungutem Gefühl	mitleiderregend	motiviert	müde	mürrisch
mutig	mutlos	nachtragend	negativ	neidisch
nervös	neugierig	nicht ganz auf Zack	niedergeschlagen	niederträchtig
oberflächlich	ohnmächtig	optimistisch	panisch	paranoid
passiv	peinlich	perplex	pessimistisch	phobisch
Platzangst entwickelnd	rachgierig	rachsüchtig	rasend	reaktiv
rebellisch	rechthaberisch	reich	reserviert	resigniert
respektlos	reumütig	rigide	ruhelos	sadistisch
sarkastisch	satt	sauer	schamhaft	scheußlich
schikaniert	schimpfend	schläfrig	schlagend	schlecht
schmerzend	schmerzerfüllt	schmerzgeplagt	schmollend	schrecklich
schreiend	schrill	schroff	schüchtern	schuldig
Schultern zuckend	schutzlos	schwach	sehnsüchtig	selbstbestimmt
selbst hassend	selbstkritisch	selig	sentimental	sich angegriffen fühlend
sich elend fühlend	sich rächend	sich selbst und andere verachtend	sich selbst bemitleidend	sich sorgend

sich windend	sicher	sinnlich	skeptisch	sorgenfrei
sorgenvoll	stirnrunzelnd	strafend	streitlustig	streitsüchtig
strikt	taktlos	tatkräftig	taumelnd	teilnahmslos
terrorisiert	todernst	träge	traurig	triumphierend
trübselig	trübsinnig	tyrannisiert	überarbeitet	überdrüssig
überempfindlich	überheblich	überlastet	überlegen	überrascht
überwältigt	um sich schlagend	um sich selbst kreisend	unangenehm	unbehaglich
unbeugsam	unehrlich	unempfänglich	unentschieden	unentschlossen
unerfüllt	unfähig	unfair	ungeduldig	ungeliebt
ungerecht behandelt	ungewiss	unglücklich	uninspiriert	uninteressiert
unsensibel	unsicher	untätig	unterdrückt	unverblümt
unverstanden	unwillig	unwohl	unwürdig	unzufrieden
verächtlich	verängstigt	verärgert	verbittert	verdammt
verflucht	vergleichend	verhärmt	verklemmt	verkrampft
verlangend	verlassen	verletzend	verletzlich	verletzt
verloren	vernachlässigend	verschlossen	verschnupft	verschroben
versorgt	verspannt	verstanden	versteinert	verstimmt
verstört	verurteilend	verwirrt	verzagt	verzweifelt
voll Verlangen	von oben herab	vorurteilsbehaftet	wahnsinnig	warmherzig
weinend	weinerlich	wertend	Widerstand zeigend	widerstrebend
widerwillig	wohlwollend	wortkarg	wütend	wutentbrannt
zaghaft	zappelig	zerbrechlich	zerrissen	zerstreut
zeternd	zitternd	zittrig	zögerlich	zögernd
zornig	zu Tode betrübt	zufrieden	zulassend	zurechtweisend
zurückgestoßen	zurückgezogen	zuwider	zwanghaft	zweifelnd

anderes System:				
bewertende Gefühle	primäre Gefühle	sekundäre Gefühle	soziale Gefühle	ereignisbezogene Gefühle
mögen	ängstlich	schmerzend	fremdenhassend	schadenfroh

Inhalt (Rhetorik + Muster)

$$\text{Konflikt} = \frac{\text{Umfeld}}{(X \cdot (\text{Gehirn} + \text{Emotion})) \cdot ((\textbf{Rhetorik} + \textbf{Muster}) + (\text{Stimme} + \text{Körpersprache}))}$$

Rhetorik: Kommen wir nun zu dem Punkt, der in den Augen vieler Menschen den Hauptteil der Konfliktbewältigung ausmacht – zur Rhetorik, dem Reden.

In dieser Kunst geschickt agierende Menschen genießen große Bewunderung, ob als Politiker, blond gelockter Showmaster oder als Charmeur im gesellschaftlichen Umfeld. Unter »Rhetorik« verstehe ich die Kunst der Rede. In meiner Generation tauchen bei diesem Begriff Szenen aus alten Sandalenfilmen vor dem geistigen Auge auf: Vor dem Senat in Rom brilliert ein togatragender Senator mit seinen wohlgefeilten Äußerungen und wirft zur Bekräftigung seiner Worte theatralisch einen Teil seines Tuches über den Unterarm, schreitet dann würdevoll von dannen und hat das Schicksal der gesamten Menschheit wesentlich beeinflusst.

Handwerkzeug von Hochstaplern

In meiner kürzesten Selbstdarstellung, dem sogenannten Elevator Pitch, bezeichne ich mich als »Mundwerker«, also jemand, der sein Geld mit Quatschen verdient. Es gibt Handwerker, die arbeiten mit der Hand, und meinesgleichen. Es ist ausreichend gute Literatur vorhanden, die einen exzellenten Einblick in diese Kunstform gibt. Der Aspekt, den ich dazu beisteuere, steckt in den Silben »Werk«

und »Kunst«. Beide Formen beruhen nur in minimalen Teilen auf einer sogenannten göttlichen Begabung von Geburt an. Gerade beim Handwerk wird deutlich, dass es Lehrjahre des Lernens gibt, und die sind nun mal keine Herrenjahre.

»Kunst« leitet sich von »Können« ab und nicht von Wollen, sonst hieße es ja Wunst. Dieser Aphorismus stammt vom Bühnenautor Ludwig Fulda, der 1894 unter der Überschrift »Sinngedichte« in seinem Magazin der Literatur diese Zeilen veröffentlichte. Das wäre doch mal ein prägnanter Sinnspruch für ein Tattoo statt der chinesischen Schriftzeichen »404 Hühnchen süß-sauer« oder dem Orca auf dem Knöchel.

Viele, die wollen, können nicht!

Ich habe in meiner Zeit als Freiberufler in den ersten drei Lehrjahren fast 500 Seminartage als Lohnsklave gegeben, ein Großteil davon zu den Themen Argumentation, Verhandeln, Schlagfertigkeit. Turnusmäßig sah ich einige der Teilnehmer immer wieder in meinen Seminaren sitzen, und ich dachte so still und heimlich: Der Nutzen unseres letzten Treffens hält sich ja in Grenzen!

Bevor ich mich zu diesem Thema weiter ergehe, lege ich gerade den Personalern das Buch »Die Weiterbildungslüge« von Dr. Richard Gris alias Dr. Axel Koch ans Herz. Der Untertitel »Warum Seminare und Trainings Kapital vernichten und Karrieren knicken« spricht für sich.

Wer das als HR liest, bucht keine klassischen Seminare mehr.

Bei der Rhetorik verweise ich auf die Begriffe »schwarze« und »weiße« Rhetorik, die, in Anlehnung an die Star-Wars-Filme, die jeweilig benutzte Kraft beschreiben. Bei der Hitliste der gewünschten sprachlichen Fähigkeiten steht die Schlagfertigkeit ganz oben. Mittlerweile hat sich meine Einstellung dazu geändert, denn in diesem Begriff ist die Silbe »Schlag« enthalten und der damit verbundene Wunsch, eine Antwort zu geben, die auf mein Umfeld souverän, abgeklärt, brillant wirkt und meinen Gesprächspartner verstummen lässt. Es gibt also einen Sieger, mich, und einen verschämten Verlierer, den anderen – das hört sich für mich nach der

Konfliktkategorie »Kampf« an. Der Wunsch nach Rache bohrt sich tief in die Herzen der Menschen und kann darin lange Jahre überdauern, bevor er gnadenlos zurückschlägt. Keine wertschätzende Konfliktlösungsstrategie also, es sei denn, man ist Buchautor und will mit diesem Thema einen Klassiker schreiben!

Muster: Unter der Nutzung von Mustern verstehe ich Manipulationstechniken, um Menschen zu beeinflussen. Ich habe ein entspanntes Verhältnis zum Begriff »manipulieren«. Aus dem Lateinischen übersetzt bedeutet es »etwas handhaben«. Wenn Sie also eine Familienfeier organisieren, für einen reibungslosen Ablauf sorgen, manipulieren Sie. Wenn Sie das Zähneputzen der Kinder am Abend liebevoll-geduldig begleiten, manipulieren Sie Ihre Kinder. Das Gleiche gilt, wenn Sie in einem Unternehmen ein Projekt leiten und es zum Erfolg führen. Für mich als Mitglied im Magischen Zirkel Deutschlands e.V. hat der Begriff noch eine zusätzliche Bedeutung. Ich kann Sachen verschwinden lassen, Spielkarten wiederfinden oder teleportieren, es liegt in meiner »Hand«. Viel wichtiger aber ist, dass ich dabei die Aufmerksamkeit der Zuschauer manipuliere, Aufmerksamkeitssteuerung betreibe. Ach, und schon wieder ein anderes Buchprojekt.

Knigge ist Manipulation.

Weitere Muster sind: Einem Kompliment unseres Gegenübers können wir uns nicht entziehen. Selbst wenn es noch so schamlos übertrieben ist, schmeichelt es unserer Seele. Wenn ich einer ungefähr gleichaltrigen Gesprächspartnerin nach einem Restaurantbesuch in den Mantel helfe, sie irritiert stutzt und ich sie beruhige, dass sie ja meine Tochter sein könnte, huscht ein verlegenes Lächeln über ihr Gesicht.

Ich sträube mich innerlich wie ein Igel, wenn ich bei meiner Bank einen Scheck einreiche und dazu die vielen Zahlen der Schecknummer auf den Beleg übertragen muss. Dann frage ich die Sparkassenmitarbeiterin mit meinem rostigen Charme, ob sie mir helfen könne, da ich mit meiner neuen Gleitsichtbrille nicht so gut zurechtkäme. Zack – manipuliert.

Warum liegen die Käseprobierhäppchen auf der Lebensmittel-
theke? Sobald ich probiert habe, fühle ich die innere Verpflich-
tung: »Ach, dann packen Sie mir noch ein Stück von dem leckeren
Käse ein!« Hier schlägt das Muster Reziprozität, auch Prinzip der
Gegenseitigkeit genannt, erbarmungslos zu. Auf Deutsch »Wie du
mir, so ich dir!«, im englischen »Tit for tat« – dies erinnert an das
Alte Testament mit der Zeile »Auge um Auge, Zahn um Zahn«.

Warum ist eine Zahncreme, die von einer Zahnarztfrau präsentiert
wird, angeblich wirkungsvoller? Ich habe mit meiner Zahnbürste
noch nie eine Tomate geputzt, und trotzdem überzeugt mich die
Flexibilität des Zahnbürstenhalses.

Auf das Muster des sozial Bewährten greifen wir zurück, wenn wir
genau das machen, was die anderen immer so machen oder gemacht haben. Fast schon automatisch bekommt der Überbringer
schlechter Nachrichten die Schuld am Fiasko, was für viele Boten
früher bedeutete, dass ihr Haupt in einer Holzschatulle getrennt
vom Körper zum Absender zurückgeliefert wurde.

Fühlen Sie sich frei in der Entscheidung, wenn Ihnen der Verkäu-
fer sagt, dass der Preis für das Sondermodell Ihres Traum-Pkws
nur noch heute gilt, Sie sich also schnell entscheiden müssten?

Auf die Vertriebsstrategien »Tupperpartys« und »Autozubehör-
messen mit spärlich bekleideten Autowäscherinnen« werde ich
hier nicht näher eingehen. Dazu meine Literaturempfehlungen:
Robert Cialdini, »Die Psychologie des Überzeugens«, und Walter
R. Kaiser, »Die Schlange in uns«.

Im beruflichen Kontext besteht besonders für Personalverantwort-
liche eine große Gefahr, von Mustern manipuliert zu werden, wenn
Wahrnehmungsfehler und Denkmuster eine unheimliche Allianz
eingehen. Von einem Haloeffekt spricht man, wenn eine kognitive
Verzerrung stattfindet, wenn also von offensichtlichen Eigenschaften einer Person auf andere Eigenschaften geschlossen wird. Bei-

spiel: Sie bekommen die Bewerbungen zweier junger Menschen, die jeweils einen, nur einen, Rechtschreibfehler aufweisen.

Zum persönlichen Gespräch erscheint im Fall A ein smarter, sympathischer junger Mensch, der sich wortgewandt und höflich präsentiert. Sie denken: So ein Rechtschreibfehler kann ja jedem mal passieren.

Im Fall B kommt ein abgefreakter Baseballkappenträger mit abgekauten Fingernägeln, dessen Hose drei Nummern zu groß ist und sich in Kniekehlenhöhe eingependelt hat. Von der Jugendsprache, die er benutzt, verstehen Sie nur die Hälfte – Alter, was geht ab – du Opfer! Sie denken: Erstaunlich, dass der überhaupt schreiben kann!

Wir schließen von der Kleidung auf den Charakter, vom Autotyp auf den Status, von der gepflegten Garagenauffahrt auf den Ordnungssinn. Diese auch als »Klick-Surr-Effekt« bezeichnete Interaktion zwischen Sozialwesen begegnet uns den ganzen lieben Tag lang.

Vor-Urteile

Form (Stimme + Körpersprache)

$$\text{Konflikt} = \frac{\text{Umfeld}}{(X \cdot (\text{Gehirn} + \text{Emotion})) \cdot ((\text{Rhetorik} + \text{Muster}) + \textbf{(Stimme + Körpersprache)})}$$

Stimme: Stimmen verzaubern und faszinieren die Menschen seit Jahrtausenden. Ob es der Rufer in der Wüste ist, die Gänsehaut erzeugende Stimme eines Sängers oder das verführerisch-rauchige Säuseln einer Schauspielerin. In meiner Jugend flog eine sonore Bassstimme über den Äther, die alle Zuhörer entzückte – Elmar Gunsch. Es existieren Videos im Internet, in denen der österreichische Schauspieler Liedtexte vorliest, die allein durch seine Stimme erträglich werden. Das Gegenteil der Gefühlspalette sind Nach-

die Sirenen bei Odysseus

barn oder Kollegen, deren schrille Stimme schon meilenweit vor deren Anblick zu vernehmen ist, inklusive eines hysterischen Lachens.

Mit diesem Kommunikationsorgan gehen wir seltsam achtlos um. Kleinkinder sind in der Lage, stundenlang zu brüllen, ohne an Stimmkraft zu verlieren oder heiser zu werden. Eine durchzechte Partynacht, der Besuch eines Rockkonzerts oder eines Fußball-stadions reichen aus, unsere Stimme zu verlieren. Dieser Folge-erscheinung mit Flüstern zu begegnen, ist laut HNO-Ärzten und Stimmfachleuten kontraproduktiv. Bei dieser Sprechart sind die Stimmlippen vorne geschlossen und hinten offen, eine unnatür-liche physiognomische Gegebenheit, die das Gegenteil bewirkt. Oma sagte immer: viel trinken – Lindenblütentee!

Für Profis, Vielredner und auch Wenigsager gebe ich jetzt einen Tipp, trotz langer Sprechphasen gut durch den Tag zu kommen. Stundenlang reden, ohne heiser zu werden, und souverän wirken, das gelingt mit dem sogenannten Eigenton. Nehmen Sie die zu-stimmende Lautäußerung »mmmmmh« mit seinem Zwei-Ton-Klang. Der erste dieser beiden Töne ist Ihr Eigenton. Sie können auch imaginär auf einem Konfekt oder Reiswaffelstück kauen und genussvoll den Wohlfühllaut »mmmmmh« von sich geben.

Machen Sie sich hier die wunderbare Eigenschaft des Körperge-dächtnisses zunutze. Sie kommen vollgepackt mit Einkaufstaschen nach Hause und schließen einhändig die Haustür auf – im Dun-keln findet Ihre Hand den Lichtschalter im Flur, egal, mit wie viel Kilogramm Sie belastet sind. Ziehen Sie in eine neue Wohnung, tappt die suchende Hand tagelang ins Leere, bis sich Ihr Körper die neue Handhabung gemerkt hat. Bewundern Sie bitte kurz diese phänomenale Leistung unseres Körpers in einem dreidimensiona-len Raum. Wenn Sie während der Autobahnfahrt oder im Stau die Eigentonübung absolvieren, merkt sich Ihr Körper die Spannungs-zustände der Stimmlippen. So sind Sie in der Lage, den eigenen Ton abzurufen, ohne sich stimmlich zu äußern; nur die Vorstellung des Tones erzeugt die gewünschte Stimmlage. Wenn ich etwas

Top-Tipp

beruflich auf ein Flipchart schreibe, so summe ich still vor mich hin, um dann nach dem Umdrehen in der Eigentonlage zu sprechen. So »entspanne« ich meine Stimme permanent.

Eine kurze Warnung sei hier ausgesprochen. Unsere Stimme ist immer Ausdruck unserer Persönlichkeit und ein exzellenter Seismograf für unsere Stimmungen. Arbeiten Sie an Ihrer Stimme nur mit Profis, die auch die Umkehrung des Ursache-Wirkung-Prinzips kennen. Meine eigenen Erfahrungen mit der Urschreitherapie nach Arthur Janov zu Studentenzeiten könnten erklären, warum mich einige Zeitgenossen als skurril bezeichnen.

Körpersprache: Oha, bei diesem Thema bin ich besonders angespitzt; gerade basierend auf meiner Ausbildung und Erfahrung als Bewegungslehrer. Was in diesem Bereich von selbst ernannten Körpersprache-Spezialisten verbal abgesondert wird, ist zum Teil hanebüchen – mittelhochdeutsch für eine Handlung, die einem gewissermaßen die Haare zu Berge stehen lässt, was bei meiner aktuellen Frisur eine besondere Herausforderung darstellt. Ganze

Hab mal was über ganztägige Händeschütteln-Seminare gelesen.

Bücher und Abhandlungen sind mit einfachen Kausalketten gefüllt: »Verschränken Sie die Arme, gehen Sie so auf Distanz und weisen die Person ab!« Es könnte auch Unsicherheit sein oder schlichtweg das Bedürfnis, die Schultergelenke von dem Gewicht der Arme zu entlasten, ganz zu schweigen von der Bequemlichkeit dieser Armhaltung.

Die »Daumen-hoch«-Geste wird in unserem Kulturkreis als Zustimmung, Ermutigung und »Alles-in-Ordnung-Zeichen« gedeutet. Wie schon erwähnt, bedeutete sie für den Gladiator den Todesstoß; das Gegenteil davon – das Schwert in der Scheide zu belassen – wäre symbolisch, den Daumen in den Fingern zu verstecken; eine typische Boxhaltung von Kindern, die zu gebroche-

interkulturelle Kompetenz

nen Daumen führt. Die gleiche Geste im arabischen Raum könnte Ihren Aufenthalt unfreiwillig verlängern, da diese Handhaltung als obszöne Geste gedeutet wird, als Aufforderung zum Geschlechtsakt (»Setz dich drauf!«); in anderen Teilen der Erde wird sie einfach auch nur als sonstige grobe Beleidigung angesehen.

Ich bin mit jeder Faszie meines Körpers überzeugt, dass körpersprachliche Signale den großen Teil einer Botschaft ausmachen. Die Körpersprache zu lesen ist eine Kunst, vergleichbar mit dem Erlernen einer neuen Sprache – Vokabeln lernen, Grammatik verstehen, Kontexte erfahren – oder eines neuen Instruments. Wer sich dieser Erfahrung schon einmal hingegeben hat, weiß, wie sich Mühen und Lust daran abwechseln und dass es Zeit benötigt – und üben, üben, üben.

Die erste Beobachtungsebene ist die Nähe/Distanz zu unserem direkten Gesprächspartner. Anschaulich wird dies mit dem oft gebrauchten Bild einer Zwiebel: Die körperliche Privatzone beinhaltet 0 bis 60 Zentimeter und ist engsten Familienmitgliedern und Partnern vorbehalten. Paare erkennen Sie beim Flanieren auch ohne Händchenhalten, da sich ihre Arme pendelnd berühren; im Gegensatz zu »nur Spaziergängern«, die körperliche Berührungen vermeiden. In der persönlichen Distanzzone bis zu einem Meter findet eine Vielzahl der gesellschaftlichen Rituale wie Begrüßung und Small Talk statt. Die gesellschaftliche Distanz beträgt zwei bis drei Meter. Sie wählen diese, wenn Sie Ihren Chef mit seiner Frau in der Fußgängerzone treffen oder an einem öffentlichen Platz auf jemanden warten. Notgedrungen werden diese Distanzen im öffentlichen Bereich und sozialen Umgang teilweise drastisch eingeschränkt. In den Stoßzeiten öffentlicher Verkehrsmittel bekommen Sie kaum eine Chance, die Ihnen angenehme Distanz zu wahren, man rückt sich notgedrungen und im wahrsten Sinne des Wortes auf die Pelle und kompensiert diesen Zustand durch striktes Aneinandervorbeischauen.

Anzeiger für Sympathie

Als Mitglied der Deutschen-Knigge-Gesellschaft e.V. weiß ich um deren Ratschlag, bin aber beim Theaterbesuch immer hin und her gerissen, zu meinem mittigen Sitz in der Reihe entweder Gesicht zu Gesicht oder mit meiner Rückseite an den anderen vorbeizukommen. Ersteres scheint sehr intim und das andere sehr unhöflich. Ach so, Knigge sagt »face to face«.

Die andere Beobachtungsebene bezieht sich auf die Lage der Kommunikationspartner in Bezug auf den umgebenden Raum, die Proxemik. Heutzutage besitzen Chefbüros meistens eine Sitzecke mit einem Halbtisch, sodass persönliche Gespräche nicht durch die frontale Sitzordnung am Chefschreibtisch unter Frostigkeit leiden. Ich kenne einen Personalchef, der in einer alten Gründerzeitvilla residiert und hinter einem imposanten antiken Möbelstück thront. Dem Besucherstuhl in Front des Altars wurde durch den Einsatz einer Säge zehn Zentimeter an Höhe genommen. Sie fühlen sich darauf kindlich, nicht zuletzt, weil Sie Ihren Blick erheben müssen. Es wird wohl Zeit für einen Neubau der Firmenzentrale!

Interessant, wer früh zu einem Meeting kommt, um sich den besten Platz zu sichern.

In Vertriebskreisen kursieren die fiesen Tricks von Einkäufern, die Anbieter dem direkten Sonnenlicht auszusetzen und selber mit dem Rücken zu den Fenstern zu sitzen. Ähnliches soll sich in Bewerbungssituationen zutragen. Diese sagenhaften Geschichten sind alle Ausdrücke der Bemühung, sich durch die Anordnung im Raum einen vermeintlichen Vorteil zu schaffen.

Bemerken und sich souverän umsetzen!

Sorry – eines muss ich in diesem Zusammenhang unbedingt loswerden: Trauen Sie keinem Trainer, Coach oder Berater, der die 7-38-55-Regel in seinem Kommunikationsrepertoire hat. Nach dieser Formel wird die gesprochene Botschaft zu sieben Prozent durch Wörter, zu 38 Prozent mit der Stimme und zu 55 Prozent durch Mimik und Gestik transportiert. Der »Erfinder« und Psychologe Albert Mehrabian hat schon 1967 in einem Radiointerview gegen die Fehlinterpretationen seiner Untersuchungen gewettert. Die Ergebnisse seiner Untersuchungen bezögen sich nur auf »communications of feelings and attitudes«, also ausschließlich auf die Kommunikation von Gefühlen und Gesinnungen mit einzelnen Worten. Der Mehrabian-Mythos lebt leider immer noch!

Das Zusammenspiel der Komponenten

Ich habe mehrfach erwähnt, dass die mathematische Eineindeutigkeit der Formel freigeistig zu interpretieren ist. Aufgrund der mangelnden Skalierbarkeit der Komponenten lassen sich keine Zahlenwerte eintragen, die wiederum ein exaktes Ergebnis bringen. Der Erkenntniswert resultiert aus den Wirkmechanismen und den damit verbundenen Hebelwirkungen der Bestandteile.

Kommen Sie zu dem Schluss, dass der **vorliegende Konflikt eine Debatte** ist, so werden Sie die Terme rechts vom Gleichheitszeichen anders ausfüllen als bei den anderen Konfliktkategorien. Sie werden Ihr Verhalten auf das Umfeld abstimmen, eher konservativ oder innovativ, auf moralischen Grundsätzen oder Ehre basieren lassen, die visionären Anteile vor potenziellen Investoren besonders betonen oder die Mitleidstour reiten. Rhetorische Gesichtspunkte überwiegen in diesem Fall und bedürfen einer geradezu klinischen Ausarbeitung, damit die Argumentation überzeugend wirkt. Die Souveränität des Vortrags wird körpersprachlich unterstützt, der Appell an Emotionen und Muster fließt dabei in der Art und Weise ein, die Ihrer »Überzeugungskraft« dienlich ist. Gerade auch bei der Meinungsbildung ist das Gefühl von Nähe ein entscheidender Faktor. Diese erreichen Sie, wenn Sie die Systematik der CAH [ka:]-Strategie in Teil 2 anwenden.

Brillant sein!

Bei der **Konfliktkategorie Spiel** tritt das Regelwerk des angesprochenen Umfeldes in den Vordergrund. Haben Sie als Spieler eine weltanschaulich geprägte Gruppe, so können Sie nur ins Miteinander kommen, wenn Sie deren Grundregeln achten und beachten. Regeländerungen sind ein anspruchsvoller Prozess und stoßen in funktionierenden Sozialsystemen schnell an ihre Grenzen. Hierbei sind Rhetorik und Körpersprache von beiläufiger Wertigkeit, da Sie selbst mit brillanter Wortakrobatik und großen Gesten nicht gegen die vorhandenen Muster ankommen. Dies sind hier zum Beispiel Traditionen, überlieferte Glaubenssätze und ideologisch begründetes Verhalten.

mit Ritualen arbeiten

In der **dritten Kategorie, dem Kampf**, treten Stimme und Körpersprache in den Vordergrund. Die neuseeländische Rugbynationalmannschaft, die All Blacks, führt zum Beispiel vor jedem Spiel den berühmten »Haka« auf. Dies ist ein ritueller Kriegstanz, der die Eigenmotivation steigern und gleichzeitig auch den Feind beeindrucken soll. Der Wechselgesang von Anführer und Mannschaft wird mit martialischen Körpergesten und Mimik unterstützt, die furchteinflößende Lautstärke und die rituelle Darbietung verfehlen selten ihre Wirkung. Das Regelwerk ist bei dieser Form der Auseinandersetzung stark eingeschränkt – erlaubt ist, was zum Erfolg / Sieg führt. So heißt eine Bedeutung des Akronyms TEAM ja auch »Täglich Einen Anderen Mobben«.

bei Struktur-vertrieben

Das ist ähnlich wie bei den Lichterketten – die holen Sie im Dezember aus der Kiste und sehen nur ein riesiges Knäuel, durch magische Kräfte oder Kobolde unentwirrbar miteinander verwoben. Die einzige Chance, neben einem Seitenschneider oder Messer, ist das systematische Aufdröseln, die strukturierte Vorgehensweise, an einem freien Ende beginnend. Bei der Formel ist das freie Ende links vom Gleichheitszeichen. Diese Entscheidung zeigt den Weg, dem scheinbaren Chaos zu entgehen und letztendlich Birne neben Birne, ökologisch korrekter LED neben LED, aufzureihen.

Dabei hat sich meiner Erfahrung nach gezeigt, dass sowohl besonnenes Analysieren als auch chaotisches Schütteln zur Lösung beitragen, die Frage des Wechsels und der Dosierung ist entscheidend.

Die CAH[ka:]-Strategie

Fünf Thesen und eine Konfliktformel – jetzt zeige uns aber den Weg durch die Wüste, nachdem du uns die Tontafel gegeben hast!

Ich kann vom heimischen Sofa aus zu 100 Prozent verstanden haben, wie man die Vorbereitungen für einen Marathon absolviert, aber allein schon beim Sockenanziehen kommt die Umsetzung ins Schnaufen. Wir Menschen lieben anscheinend einfache Rezepte, die zum Ziel führen. Da ich nicht so ticke, habe ich mich diesen Wünschen bisher fast immer verweigert. Bestseller-Bücher haben meistens griffige Titel: »Die Glücksformel oder Wie die guten Gefühle entstehen«, »Die 8 Wege zum Erfolg«, »Fit in 24 Stunden« oder »Wie Chantal 46 Kilo in drei Monaten mit der Kerzendiät abnahm!« und suggerieren, dass sich bei Beachtung der Rezepte der angestrebte Erfolg automatisch, quasi von selbst, einstellen wird.

Unter der Prämisse, dass eine Rezeptur gerade am Anfang besser ist als Freikochen, habe ich eine Strategie entwickelt, nach der Sie Ihr Auftreten in Konfliktgesprächen vorbereiten können. Bei einer gewissen Vertrautheit in der Anwendung können Sie auch in akuten Fällen kurz innehalten und die einzelnen Listenpunkte checken.

Dass dabei die Konfliktformel Anwendung findet, versteht sich.

Jeder Veränderungsprozess beginnt mit einem Auslöser

Sie wissen mittlerweile so viel über die Funktionsweise des Gehirns, Nervenverschaltungen und das Abspeichern von Emotionen, dass Sie jetzt getrost eine gesunde Skepsis an den Tag legen können. Viele der sogenannten Erfolgsstorys sind gefakt oder aufgebauscht, um wie in einem Pawlow'schen Experiment im wahrsten Sinne des Wortes einen erhöhten Speichelfluss zu erzeugen – es ist das Spiel mit Sehnsüchten. Ziehen Sie das Wort auseinander: das Sehnen nach Süchten.

Hund – Glocke – Futter

Fast alle Geschichten über radikale Veränderungen basieren auf einem auslösenden Faktor. Beim Abnehmen ist es die Bemerkung der Flugbegleiterin, dass Sie für zwei Sitzplätze bezahlen müssen, oder der »Scherz« des ehemaligen Traummannes, er habe nur eine Frau heiraten wollen und müsse nun zwei durchfüttern. Allein schon diese Demütigung und der daraus entstehende Trotz legen den Schalter um. Bis vor einigen Jahren war ich Kunde einer großen deutschen Bank, die mein bisher angesammeltes Vermögen verwalten sollte. Mich beriet ein junger, dynamischer Bankfachmann, der mir in den höchsten Tönen anpries, wie ich der Altersarmut entgehen könne und schnell wohlhabend würde. Irgendwann rieselte mir der Kalk der Erkenntnis durch die Synapsen, als ich mir die Frage stellte: »Wenn er weiß, wie's geht, reich zu werden, warum arbeitet er dann noch als kleiner Angestellter bei dieser deutschen Bank?« Das war der Startpunkt meiner alternativen Geldanlagen.

Viele von Anitas Patienten berichten von solchen Auslösern, meistens traurige Vorfälle oder negative Momente.

Seit 2017 rollt wieder die Welle von Glücks- und Erfolgsseminaren durch die Szene. In vielen Veröffentlichungen von Kollegen wird über Motivationsgurus und deren Schafherden hin- und hergezogen. Offenbar treffen diese Angebote auf den ureigensten Wunsch des Menschen nach Vollkommenheit und Selbstverwirklichung. Dieses Streben treibt Menschen von Anbeginn des Denkens an (Religionen, Erfindergeist, Fortschritt). Was also ist so schlimm

Meine FB-Timeline ist voll von Angeboten mit nur noch heute.

daran, diese Nachfrage zu befriedigen? Viele Teilnehmer solcher Seminare wünschen sich doch nur sehnlichst den Trigger, den Auslöser, der einen Lebensumschwung in Gang setzt, und hoffen ihn dort zu finden. Meine Pickel der Wut an der Darminnenwand entstehen durch das Versprechen einfacher Lösungen gegen Zahlung von 1000 Euro. Wenn es nicht funktioniert hat, hast du's eben nicht richtig gemacht und musst es noch mal wiederholen. »Schlagfertig WERDEN in vier Stunden« geht nicht – »Die sieben besten Tipps für Schlagfertigkeit« als Anregung zum weiteren Üben ist o. k., weil dies einen Prozess in Gang setzt, für den ich die Verantwortung habe und bei dem mir keiner die Arbeit abnimmt. So ein Mist!

Interessantes Geschäftsmodell: Erfolg nur durch den Trainer – Misserfolg nur durch den Kunden.

Der Stein kommt ins Rollen

Ist der Auslöser gedrückt worden, wird der Veränderungsprozess auch in Gang kommen.

Willenskraft, Disziplin und ein unterstützendes soziales Umfeld sind die Erfolgsfaktoren von Veränderungsprozessen. Mindestens genauso wichtig ist die Erkenntnis, dass es dabei immer Gewinn und Verlust gibt, dass so ein Prozess immer zwei Seiten hat: Will ich das eine, muss ich das andere in Kauf nehmen.

Joggen oder Rauchen

Und es braucht eine Art »Anleitung«, um auf dem Weg und dem Ziel treu zu bleiben. Für Konflikte ist dies meine CAH [ka:]-Strategie; sie ist das »3 × 3 des Konfliktmanagements«.

Die einzelnen Bestandteile der Strategie geben eine Orientierung im Sinne von Meilensteinen, an denen Sie sich entlanghangeln können. Das Leben, was immer das sein mag, und die anderen Menschen machen sowieso jeden Kontakt wunderbar anders, sodass das Schlingern auf dem Weg zur normalen Fahrweise gehört. Die folgende Gebrauchsanweisung bietet die Chance, sich an be-

Veränderung = Projektmanagement

stimmten Punkten zu orientieren, wenn der Sturm des Lebens wieder aufbraust.

Wenn ein Keksteig zu dünnflüssig ist, können Sie Mehl hinzugeben oder ihn in den Kühlschrank stellen, damit die darin enthaltene Butter wieder fest wird. Das sind Meilensteine! Ob Sie Kakaopulver im Teig haben, Schokosplitter untermischen oder Rosinen dazugeben, sind individuelle Teig-Variationen, die mit dem Problem »zu flüssig« nichts zu tun haben.

Das System im Überblick

Die Bezeichnung CAH [ka:]-Strategie (sprich: ka – das [ka:] in eckigen Klammern kennen die Fremdsprachler unter Ihnen vom Vokabellernen als phonetische Aussprachehilfe) ergibt sich aus den drei Blöcken **C**heck, **A**ktion und **H**istorie mit jeweils drei Unterpunkten; daraus ergibt sich das schon erwähnte »3 × 3 des Konfliktmanagements«.

Check	1. Definition
	2. Emotion
	3. Debatte / Spiel / Kampf
Aktion	1. Formel einsetzen
	2. Verhalten planen
	3. Dialog durchziehen
Historie	1. Sondieren
	2. Kontaktieren
	3. Archivieren

Verstehen Sie diese Systematik als eine Art Checkliste, wenn Sie sich auf eine besondere Situation vorbereiten. Sie dient somit der inneren Klarheit und der mentalen Vorbereitung. Wenn Sie diese Liste im Gespräch neben sich liegen haben, mag dies eine gewisse Irritation beim Gesprächspartner hervorrufen. Sie alle kennen das: Es kommt sowieso anders, als man plant. Der Vorteil des geistigen Durchspielens liegt definitiv im Vorbereitetsein, darin, den eigenen inneren Faden ausgelegt zu haben, an dem Sie sich entlanghangeln können. Gerade auch wenn die Neuronen der Emotion querschießen.

preparation will boost success

Ich stelle Ihnen zunächst die Systematik stichwortartig vor, um sie dann ausführlicher zu erläutern und Ihnen somit ein tieferes Verständnis der neun Punkte zu ermöglichen. Eigentlich sind es 1 + 3 × 3 Punkte. Denn auch wenn er nicht der Rede wert und doch allzu offensichtlich scheint, hat Punkt 0 durchaus seine Daseinsberechtigung, wie Sie gleich lesen werden.

Das Vorspiel: Punkt 0

Bei der Wahrnehmung einer Störung ist die erste Herausforderung, weiter zu atmen. Atemlos zu sein, kann laut neuem deutschem Liedgut erstrebenswert sein, ist aber ein Zustand, der nur für befristete Zeit biologisch sinnvoll ist und eine zukunftsorientierte Handlungsweise erschwert. Die Schockstarre schnürt uns die Kehle zu. Wir sind sprachlos. Die Lunge hat etwas mit dem Atemstrom zu tun, der unsere Sprache bildet. Nicht nur Esoteriker gehen davon aus, dass die Lunge mit der Kommunikation gleichzusetzen ist. Das Erstarren ist eines der drei Reaktionsmuster, die tief in unserer Gehirnschale verschaltet sind. Beim Auftauchen einer Gefahr gibt es wie schon erwähnt drei Möglichkeiten: Kampf, Flucht, Sich-tot-Stellen. Letztere Verhaltensweise ist im beruflichen Leben irritierend, bietet sich aber an, wenn der Kampf aussichtslos und der Fluchtweg zu weit weg ist. In unserem Sprachge-

Wir benutzen häufig körperliche Redewendungen wie »da stockte mir der Atem«, »starr vor Schreck«, »um Luft ringen«, »die Bemerkung traf mich ins Herz«, »raubt mir die Luft«.

brauch hat sich die Floskel »Erst mal durchatmen!« eingebürgert, und in vielen Fernsehfilmen beginnen die den Opfern nahestehenden Menschen zu hyperventilieren, um dann mittels einer Papiertüte wieder zur normalen Atmung zu finden. Das bewusste Atemschöpfen bietet uns also die Chance, uns kurz zu sammeln, zu sortieren und dann die geeignete Replik zu starten.

Der Check 1 bis 3

Mit dem organischen Atemmuster läuft dann der Check links vom Gleichheitszeichen der Konfliktformel ab:

$$\text{Konflikt (D/S/K)} = \frac{(\text{Firma} + \text{Gesellschaft} + \text{Privat})}{(X \cdot (\text{Gehirn} + \text{Emotion})) \cdot ((\text{Rhetorik} + \text{Muster}) + (\text{Stimme} + \text{Körpersprache}))}$$

1. Definition: Ist es nach der Definition eine Panne oder ein Problem? (Siehe vorne.)
2. Emotion: Erfüllt der Sachverhalt nicht die entsprechenden Voraussetzungen, taucht die Frage auf, welche Emotion im Spiel ist. (Siehe vorne.)
3. Debatte / Spiel / Kampf: Welche Energieform liegt nach Rapoport – Debatte / Spiel / Kampf – vor? (Siehe vorne.)

Die Aktion 1 bis 3

Der nächste Punkt der Bewältigungsstrategie ist die **A**ktion:

$$\text{Konflikt} = \frac{(\text{Firma} + \text{Gesellschaft} + \text{Privat})}{(X \cdot (\text{Gehirn} + \text{Emotion})) \cdot ((\text{Rhetorik} + \text{Muster}) + (\text{Stimme} + \text{Körpersprache}))}$$

1. Formel einsetzen: Skalieren Sie in der Konfliktformel die einzelnen Terme rechts vom Gleichheitszeichen!
2. Verhalten planen: Legen Sie Ihr Verhalten / Ihre Reaktion fest, wie Sie sich bei den einzelnen Bestandteilen einordnen!
3. Dialog durchziehen: Ziehen Sie »es« durch!

*Prokras-
tination
vermeiden!*

Die Historie 1 bis 3

Der dritte Block, »H« wie **H**istorie, liegt mir sehr am Herzen, weil er häufig unterschätzt wird! Jeder Konflikt ist eine emotionale Achterbahnfahrt, anstrengend und eine Menge unserer wertvollen Energie kostend. Sobald wir eine Lösung, auch wenn es nur eine Scheinlösung ist, für unseren Konflikt gefunden haben, signalisiert der Körper »Regeneration«, Auffüllen der Energiespeicher. Wir geben uns also mit der schnellen Lösung zufrieden, biologisch nachvollziehbar, nehmen uns aber damit die Chance, unser Verhalten langfristig zu verändern. Wir alle kennen das von jahrelangen Partnerschaften: die ach so vertrauten Kreisläufe. Zu bestimmten Themen können wir den sich daraus ergebenden Dialog schon im Vorfeld wortgetreu wiedergeben, wir wissen ganz genau, was der andere sagen wird. So laufen wir in die zermürbenden Schleifen, sehenden Auges und zu gelähmt, um etwas daran zu ändern. Dieser dritte Part dieser Strategie ist der schmerzhafte, ohne den es keine Veränderung im Konfliktverhalten geben wird. Wenn Lernen die Erkenntnis ist, aus Erfahrungen sein Verhalten zu verändern, ist die Reflexion der Transmitter der Erkenntnismaschine.

*= schwelende
Konflikte*

Nach dem vermuteten Ende des Konflikts bilden Sie also die Historie:

Sinnvoll, da
immer auch
das Umfeld
betroffen ist

1. Sondieren: Beobachten Sie das Umfeld: Welche Auswirkungen hat der Konflikt und wie schätzen Sie die Auswirkungen ein?

2. Kontaktieren: Gehen Sie auf den Konfliktpartner zu, um Reste aufzuspüren und die aktuelle Kontaktirritation zu messen und erneut zu beurteilen.

Nachtragend!?

3. Archivieren: Haken Sie den Konflikt ab! Wenn das nicht geht, kommt er auf die Ablage nach oben!

Konfliktbearbeitung ist vergleichbar mit der Fleckenentfernung auf der Kleidung. Das umgefallene Glas Rotwein, das auf dem Flokatiteppich gelandet ist, erfordert reflexartige Reaktionen: Abtupfen mit Küchentüchern, Salz und Zitrone, Weißwein oder Sekt zur Neutralisierung draufkippen, Schere oder Teppichmesser – die Liste von gut gemeinten Ratschlägen ist lang. Gefahr gebannt und die Party geht weiter.

Im Nachhinein kann ich überlegen, ob der wadenhohe Couchtisch mit den darauf stehenden Gläsern direkt neben der Tanzfläche einen guten Platz hat. Mal ganz davon abgesehen, dass ein weißer Langhaarteppich den Besucheransturm garantiert nicht unbefleckt überstehen wird. Ich könnte weiterhin auch nur Weißwein und Mineralwasser ausschenken, die effektivste Form, Rotweinflecken zu vermeiden. Es bietet sich mir also die Chance, von den gekelterten Trauben der Erkenntnis zu naschen und somit die Wiederholung à la »Und täglich grüßt das Murmeltier« zu vermeiden.

Das System im Detail

Damit sich Ihr Verständnis der einzelnen Punkte vertieft, plaudere ich nun etwas über die einzelnen Aspekte.

Der Check im Detail

Check 1: Ist es nach der Definition eine Panne, ein Problem oder ein Konflikt?

Eine Panne ist ein Missgeschick, also das umgestürzte Rotweinglas. Zum Problem wird es, wenn der Fleck sich auf der festgetackerten Auslegware im vollgestellten Wohnzimmer befindet und morgen die Schwiegereltern zum Kaffeetrinken kommen.

Check 2: Ist eine Emotion dabei?

Jetzt haben wir das Paradebeispiel eines familiären Konflikts, wenn Sie schon immer das Gefühl hatten, dass Ihre häuslichen Ambitionen von der angeheirateten Bagage sowieso nicht genügend gewürdigt wurden. Vielleicht schämen Sie sich auch, wenn nicht alles picobello und akkurat ist, wie es sich angeblich halt so gehört. Wenn Sie jetzt in Ihren Emotionen rumpulen, stoßen Sie auf eine Schlangengrube, die nicht umsonst als Ort des Schreckens, der Folter und des Todes im kollektiven Gehirn verankert ist.

In so einer Grube soll Harfe schlagend der Wikingerfürst Ragnar Lodbrok im 9. Jahrhundert gestorben sein, nachdem ihn der englische König Ælle in selbige geworfen hatte. Ein Instrument zu beherrschen, ist immer von Vorteil, und diese Form des familiären Gesprächs bringt sicherlich eine ganz neue Note in die traditionelle Kommunikation.

Bei den akuten Familiensticheleien genügt es schon zu erkennen, dass eine Emotion als intellektuelles Störfeuer zu Missverständnissen führt. Die Erkenntnis, welche Emotion gerade den Neokortex heraufkriecht, hilft im direkten Verbalabtausch wenig. Allein die Erkenntnis, dass sich hier ein Gefühlssturm aufbaut, bietet Ihnen die Chance, aus dem Paternoster der oft parodierten Familienfeiern herauszutreten.

Siehe vorne: FACS – das Gesichtslese-programm

Über Ihre eigenen Emotionen können Sie selber reflektieren, bei denen unserer Gesprächspartner spekulieren wir nur. Dies führt in fast allen Fällen notgedrungen zu einer Fehlinterpretation. Was hindert uns daran, unseren Konfliktpartner direkt darauf anzusprechen? Unter den vielen Satzarten in der deutschen Sprache existiert die Frage, eine verkannte Möglichkeit, sich Informationen zu besorgen, bevor ich ein Urteil fälle.

Bezogen auf unser Familienbeispiel kann so eine öffnende Frage lauten: »Warum stört es euch, wenn die Bügelwäsche meiner Kinder noch im Wäschekorb liegt?« Mit ziemlicher Sicherheit kann die Generation Ihrer Eltern mit dieser Frage nichts anfangen, Sie ernten nur einen verständnislosen Blick und haben erst mal Ruhe. Erst mal!

Muster durchbrechen

Check 3: Ist es eine Debatte, ein Spiel oder ein Kampf?

Sitzt Ihnen ein Partner, Gegner oder Feind gegenüber? Danach richten sich das Verhalten und die von Ihnen aufzuwendende Energie.

Gehen wir kurz die drei Kategorien des Konflikts durch:

- Ihre Schwiegereltern überzeugen werden Sie nicht, deshalb scheidet die Debatte aus.
- Einen Kampf können Sie nicht gewinnen, da die Eltern-Kind-Beziehungen Ihres Partners so gut wie unzerstörbar sind. Das

weiß jede(r), der / die in einen großen Familienverbund eingeheiratet hat – Blut ist dicker als Wasser. Oder verbal akrobatischer ausgedrückt: Ein Lebewesen verhält sich umso altruistischer, je enger der Nutznießer der Fürsorglichkeit mit ihm verwandt ist.

- Es bietet sich als Modus also nur das Spiel an, indem Sie deutlich machen, dass Ihre Wohnung und Ihre Familie Ihr Spielbrett sind, auf dem Ihre Regeln gelten. Ich weiß: Das ist viel leichter gesagt als getan.

Der militärische Gruß mit der Hand an der Stirn stammt von den Rittern, die das Visier hochklappten, damit ein abschätzender Blick über die sich darbietende Situation schweifen konnte. Ähnlich verhält es sich mit dem Handschlag zur Begrüßung, der zeigt, ob das Gegenüber eine Waffe in der Hand hält. Grundsätzlich starten wir deshalb mit dem niedrigsten Energielevel in eine Konversation oder Auseinandersetzung.

Vor Schlachtbeginn ritten die Feldherren aufeinander zu, um einen letzten Versuch zu starten, die Eskalation zu vermeiden. Zugegeben, das mit den Spielregeln ist abstrus, wenn kurz danach die Schlacht bzw. das Schlachten beginnt. Es gibt Überlieferungen, dass Vereinbarungen getroffen wurden, damit in den Kampfpausen die verwundeten Soldaten hinter die Kampflinien gebracht werden konnten. Aus heutiger Sicht entbehrt das Phänomen des Weihnachtsfriedens aus dem Ersten Weltkrieg nicht maximaler Tragik. Junge Männer aus Deutschland, Frankreich und England standen sich Weihnachten 1914 auf einer über 600 Kilometer langen Kampflinie gegenüber. In diesen mörderischen Zeiten wird in verschiedenen Quellen vom Heiligabend eine perfide Situation geschildert: Einem Weihnachtswunder gleich entstand eine Gefechtspause, in der die erbitterten Gegner sogar zusammen Fußball spielten, gemeinsam Zigaretten rauchten und Weihnachtslieder sangen. Im Nachgang ist unverständlich, dass dann der Krieg in seiner unerbittlichen Härte weitere Millionen Menschen das Leben kostete.

Gebotene Gedankenpause!

… … …

Konflikte als Energielevel, wobei ich die Menge an investierter Energie selber bestimme

Bibelzitat »Werdet wie die Kinder und euer ist das Himmelreich«

Kongruenz von Rolle und Verhalten – beim nächsten Meeting ordne ich den Personen Schachfiguren zu. ☺

Das nächste Energielevel ist das Spiel. Ungleiche Spieler machen dabei ein Spiel zur Farce. Wer schon mal mit seinen Kindern gespielt hat, weiß, dass es ein wichtiger Entwicklungsschritt für die Kinder ist, das Spielen nach Regeln zu lernen. Den Erwachsenen erfüllt es mit elterlicher Glückseligkeit; einen ebenbürtigen Gegner erwartet keiner in dieser Situation. Außer beim Memory, bei dem die Kinder gnadenlos im Vorteil sind. Kognitiver Trost für die Erwachsenen: Die Zahl der Synapsen nimmt nach der Pubertät deutlich ab. Lernen bedeutet, Nervenschaltungen zu festigen und die eingefahrenen Spuren weiter auszubauen. Kinder nutzen noch all die chaotischen Verbindungen, denken nicht in Kategorien und sind so beim Bilderfinden immer auf der Gewinnerstraße. Sie haben nur einen schwachen Trost: Auch die werden älter!

Übertragen wir diese Gedanken auf Führungskräfte, die behaupten, dass für sie die gleichen Regeln wie für die Mitarbeiter gelten. Die Gegner sind angeblich auf Augenhöhe, und spätestens wenn Sie das Diskussionsverhalten in Teamsitzungen analysieren, kommen Sie zu dem Schluss, dass unter dem Deckmantel des Spiels ein Egotrip gefahren wird. Die Diskussionskultur ist dann eher als königlich-gnadenvoll zu bezeichnen. Das Bild passt erst dann wieder, wenn Sie Schach als Beispiel nehmen. In diesem Fall haben die einzelnen Spielfiguren unterschiedliche Machtbefugnisse, deren Reichweite im wahrsten Sinne des Wortes ein Spiel entscheiden kann. Wenn Sie sich als Läufer oder König fühlen, dann verhalten Sie sich auch so! Unter Gendergesichtspunkten gilt das natürlich auch für die Dame.

Der sogenannten Doppelsieg-Strategie, neudeutsch auch Win-win-Situation genannt, liegt der Gedanke zugrunde, dass alle Beteiligten und Betroffenen einen Nutzen ziehen. Die Thermodynamikklausur war die, die mich aus meinem Maschinenbaustudium katapultiert hat; aber nach diesem Zweijahresstudium erinnere ich mich immer noch an den 1. Hauptsatz der Thermodynamik, den Energieerhaltungssatz. Er drückt die Tatsache aus, dass Energie eine Erhaltungsgröße ist, sich also in einem abgeschlossenen System die Gesamtenergie mit der Zeit nicht ändert. Wenn ich etwas auf der Straße finde, hat es jemand anderes verloren. Wenn ich in einer Verhandlung meine Position nach intensiver Diskussion durchsetze, hat mein Gesprächspartner defizitär argumentiert.

Daraus folgere ich: Win-win ist ein Mythos, der gerne heraufbeschworen und selten erreicht wird. Der gewinnbringende Kern dieser Idee liegt im gegenseitigen aktiven Zuhören.

Wir hören meistens zu, um zu antworten, statt zuzuhören, um zu verstehen.

Die Spielregel einiger Kommunikationsmodelle – das eben gerade Gehörte vom Gegenüber aktiv zusammenzufassen und mir die Richtigkeit bestätigen zu lassen, bevor ich antworte – trägt diesem Grundgedanken Rechnung.

Die Änderung der inneren Energie eines geschlossenen Systems ist gleich der Summe der Änderung der Wärme und der Änderung der Arbeit. Jede Gruppe ist ein geschlossenes System und ohne Veränderung des Systems bleibt die Energie der Gruppe immer gleich.

Die Aktion im Detail

Aktion 1: Formel einsetzen

Nachdem wir diesen Check durchgeführt haben, bereiten wir unser Tun vor, indem wir die einzelnen Terme der Gleichung mit Handlungsoptionen versehen.

$$\text{Konflikt} = \frac{(\text{Firma} + \text{Gesellschaft} + \text{Privat})}{(X \cdot (\text{Gehirn} + \text{Emotion})) \cdot ((\text{Rhetorik} + \text{Muster}) + (\text{Stimme} + \text{Körpersprache}))}$$

Ein günstiges strategisches Vorgehen ist sicherlich, sich die einzelnen Bestandteile der Formel matrixartig auf ein großes Blatt Papier zu schreiben; ersatzweise geht auch die Tapete im Wohnzimmer, bevor kleine Erdenbürger eine Umgestaltung der Wohnumgebung selber vornehmen.

Formelteil	Brain-storming	Filter I	Filter II	Günstiges
Umfeld				
Muster				
...				

In die nächste Spalte rechts schreiben Sie die Ergebnisse Ihres Gehirnsturms auf – bitte nicht schon bewerten oder selektieren! Alles einfach rausfloaten lassen, bis die Gehirnkammer leer ist.

Dann lassen Sie diese Ansammlung durch die mentalen Klärsysteme laufen: Beim Filter I bleibt nur das hängen, was in der konkreten Situation realistisch und angemessen scheint. In der Sickergrube Filter II geht die kognitive Entwässerung weiter. Hier ist das Kriterium, ob die gewählten Strategien der Zielerreichung dienen – beim Überzeugen in der Konfliktkategorie Debatte ist die Frage, wie die Sichtweise des anderen ist, von entscheidender Bedeutung. Bei der Kategorie Spiel trifft dies weniger zu, und beim Kräftemessen der letzten Kategorie ist es nahezu vollkommen egal, wie der andere das sieht. Hier sichert das individuelle Verweilen im Hier und Jetzt das eigene Überleben; da haben Sie keine Zeit, über die Synapsen Ihres Feindes zu sinnieren, wenn Sie dem nächsten Schlag ausweichen müssen.

In der Spalte »Günstiges« sammeln Sie ähnlich wie in einer Zisterne die geklärten Gedanken – letztendlich die Zutaten oder Bestandteile Ihrer Reaktion, aus denen Sie Ihr Verhalten zusammensetzen.

Aktion 2: Verhalten planen

Mit der Verarbeitung der einzelnen Formelelemente sind Sie nun in der Lage, Ihr Verhalten zu steuern. Wenn Sie jetzt ein leises Stöhnen über die Lippen bringen:»Wie soll das alles machen?«, halte ich Ihnen entgegen, dass keiner gesagt hat, dass es leicht wäre.

Und wenn Sie jetzt Ihr Verhalten noch auf die Kategorien Debatte – Spiel – Kampf abstimmen, kann fast nichts mehr schiefgehen. Denken Sie dabei bitte an die ersten Trainingsstunden in Ihrer bevorzugten Sportart oder an einem Instrument. Klingt altväterlich, ist aber so: Übung macht den Meister!

Diese sogenannte Binsenweisheit wird durch die 10 000-Stunden-Regel nach Ericsson untermauert. Der US-Psychologe Anders Ericsson formulierte diese These mit seinen beiden Kollegen Ralf Krampe und Clemens Tesch-Römer im Jahr 1993. Egal, ob Tänzer, Sportler, Musiker oder Geschäftsmann – hinter jedem Erfolg stehen Disziplin, Schweiß und auch Tränen. Im Umkehrschluss heißt dies aber nicht, dass man etwas 10 000 Stunden lang macht und damit automatisch Meister wird. Traurig, aber wahr! Ein besonderer Triggerpunkt bei mir sind Formulierungen mit dem Tenor »Ich bin schon seit 15 Jahren Chef / Controller / Entwickler!«. Vergangene Zeit und der dabei zurückgelegte Weg sind kein Kriterium für die Qualität des Zustands.

Aktion 3: Dialog durchziehen (oder: Ende ist, wenn Schluss ist)

Wenn Sie dann in irgendeiner Form agiert haben und die Auseinandersetzung Pingpong spielt, taucht die destruktive Eigenart des Kreiselns auf. Beide Gesprächspartner wiederholen sich, und das teilweise sogar mit denselben Formulierungen. Das Einzige, was sich verändert, sind die Intensität und Lautstärke der vorgebrachten Argumente. Hier kommt nun der folgende Punkt zum Einsatz:

Watzlawick – mehr desselben

Wenn Sie bemerken, dass Sie in dem oben beschriebenen Strudel stecken, beenden Sie das Gespräch diplomatisch. Dies kann auch durch einen vorgetäuschten Toilettengang erreicht werden. Ich halte es aber für souveräner, diese Einschätzung der Situation konkret anzusprechen und dann den Vorschlag zu unterbreiten, eine Pause einzulegen oder sich auf einen neuen Termin zu vertagen. Hier ist der entscheidende Faktor die Verbindlichkeit. Verabreden Sie sich für die Fortführung Ihres Gesprächs!

Manche schwören auf das alte Sprichwort: »Geht nie im Streit auseinander. Man weiß nie, was morgen passiert!« Sosehr ich diese Beharrlichkeit schätze, wäre mir die Gefahr der nutzlosen Eskalation viel zu groß.

Mein älterer Bruder hat mir erzählt, dass in der Beschwerdeordnung der Bundeswehr § 6 steht: »Die Beschwerde darf frühestens nach Ablauf einer Nacht ...« – eine 24-Stunden-Regel

Uff, jetzt sind wir froh, dass wir das hinter uns gebracht, uns ausgesprochen haben, und nun schnell Schwamm darüber. In der emotionalen Belastungssituation sind garantiert Formulierungen gewählt worden, die nach einer durchschlafenen Nacht eher als ungünstig einzuschätzen sind und teilweise auch leidtun.

Deshalb ist der dritte große Punkt der CAH [ka:]-Strategie von besonderer Bedeutung. Damit nichts unter den Teppich gekehrt bleibt und vorhandene Reste zur Sprache gebracht werden können, ist eine Nachbetrachtung unabdingbar.

Die Historie im Detail

Historie 1: Sondieren (Reaktion des Umfelds auf die Konfliktbearbeitung)

Es wird sich nicht vermeiden lassen, dass Ihre umgebenden Sozialpartner den Konflikt mitbekommen. Dies muss nicht immer durch die nachvollziehbare Flugbahn von Objekten oder erhöhten Stimmeinsatz und Lautstärke sein. Außenstehende fangen sehr wohl die Signale eines aufkeimenden Konflikts auf. Ich bin davon überzeugt, dass die Sensibilität bei allen Menschen gleich ausgeprägt ist. Ob wir Zugriff darauf haben und diese Botschaften in die vordere Gehirnrinde vordringen können, das ist eine andere Frage. Einen Konflikt mit einem Kunden bemerken Sie eventuell daran, dass er für Sie nicht erreichbar und dauernd in Terminen ist, Ihre Rückrufwünsche nicht erfüllt und Sie im wahrsten Sinne des Wortes in der Luft hängen lässt. Hier ist ein gutes persönliches Verhältnis zu den Assistenten und Assistentinnen der Schlüssel: Fragen Sie direkt nach, ob der Verkaufsleiter nicht gut auf Sie zu sprechen ist. Mein erster Chef gab mir einen guten Rat für mein weiteres Berufsleben: »Es gibt zwei wichtige Personen in einem Unternehmen, die Assistentin und den Hausmeister. Letzterer besorgt Ihnen alles, was Sie brauchen, und repariert notfalls auch schnell Ihr Auto auf dem Parkplatz. Die Assistentin entscheidet, ob Ihre Unterlagen oben oder unten auf dem Poststapel landen. Nach einer guten Golfrunde oben, bei miesepetrigem Ergebnis dann eher unten.« Deshalb empören mich Ratgeber über die Telefonkunst, in denen von »Vorzimmerdrachen« und wie man sie geschickt manipuliert gesprochen wird.

Im Kollegenkreis ist es leichter, die aufziehenden Gewitterwolken abzuschätzen. Das »Sich-aus-dem-Weg-Gehen«, die Verringerung von Kontaktdichte und -zeit, also die Beobachtung der Proxemik, stellt ein wichtiges Indiz für den meteorologischen Abschwung dar. Auch der kurz aufflackernde Gesichtsausdruck bei spontanem Blickkontakt spricht Bände. Beim Vorgesetzten ist das schwierig, weil dieser schnell lernen musste, dass ein Pokerface zur Grundausstattung einer Führungskraft gehört, ebenso wie die Delegation von Aufgaben, die unabhängig von der Stimmungslage zur Zielerreichung dienen.

Nach einem Sturm checke ich ja auch den Garten nach Schäden.

Es müssen aber auch nicht immer verstörende Anzeichen sein, die Indizien für einen Konflikt sind. »Na endlich mal einer, der dagegenhält!« Solidaritätsbekundungen und Ermutigungen hinter vorgehaltener Hand können ebenso ein Reaktionsmuster sein.

Allerdings ist hier besondere Vorsicht geboten, denn es taucht die Frage auf, ob Sie in dem Konflikt einen Märtyrertod sterben wollen. Sie werden schnell instrumentalisiert, weil den anderen die Konfliktfähigkeit und das Fingerspitzengefühl fehlen. So werden Sie dazu angestachelt, stellvertretend das Konfliktbollwerk voranzuschieben. Die Wahrscheinlichkeit, dass nach Ihrem Ausscheiden aus dem Unternehmen ein Kalendertag nach Ihrem Namen benannt wird, ist verschwindend gering. Bei den normalen Namenstagen gibt es teilweise schon Vierfachbelegung und dabei sind Chantal & Co. darin noch gar nicht vertreten.

Emotionale Unterstützung von Kollegen kann die eigene Position stärken und mentales Doping sein. Die Gefahr, letztendlich über das Ziel hinauszuschießen, vergrößert sich mit jedem gut gemeinten Schulterklopfen. Sie sind dann häufig der »lonesome cowboy«, der allein Mundharmonika spielend dem Sonnenuntergang entgegenreitet. Sätze wie »Wir stehen geschlossen hinter dir!« lassen sich leicht in der Kaffeeküche sagen, aber Sie alle kennen die ausweichenden Blicke bei der Nagelprobe, die detaillierte Beobachtung der Fußspitzen und die Atemgeräusche, die an das »Wir haben keine Angst im Wald«-Pfeifen von Hänsel und Gretel erinnern.

Seien Sie Ihren Kollegen und Kolleginnen darüber nicht gram. Den Konflikt haben Sie, ebenso wie dessen Steuerungsmöglichkeiten; die Feigheit des Menschen ist ein angeborener Überlebensmechanismus. »Geh du mal vor, und wenn Gefahr droht, dann rufst du uns! Wir helfen dir dann!«

Dieser Satz wurde mir einige Male im Berufsleben zum Verhängnis. Ich arbeitete an einer Berufsfachschule für Atem-, Sprechund Stimmlehrer und empörte mich über den Kriterienkatalog der Zeugniskonferenzen. Mein Status Berufsanfänger, Sternzeichen Widder und großes Mundwerk machten mich zum idealen Anführer der Protestbewegung. Im Lehrerzimmer hörte ich die angestaubten Geschichten der Vergangenheit und fühlte mich dadurch noch mehr berufen, diese Missstände zu beseitigen. In der Diskussion mit dem Schulleiter vertrat ich vehement den Standpunkt des Kollegiums und erlebte direkt die lokal begrenzt einsetzende Eiszeit. Die anwesenden Kollegen und Kolleginnen hatten offenbar nur ihren leichten Sommermantel an, sodass sie sich immer weiter von mir entfernten. Das Ergebnis war, dass ich isoliert als Rädelsführer dastand; dieser Moment ist als Startpunkt meines erodierenden Verhältnisses zum damaligen Chef anzusehen – im Nachhinein zu Recht übrigens.

Konzentrieren wir uns wieder auf die eigenen Einflussmöglichkeiten, den Konflikt positiv zu steuern. Auch wenn es schwerfällt, ist dazu der direkte Kontakt notwendig. Es ist nicht einfach, über den eigenen Schatten zu springen, den ersten Schritt zu machen. Darin zeigen sich Charakterstärke und souveräner Umgang oder, einfacher ausgedrückt, die Verträglichkeit. Da hängen vermutlich Formulierungen wie »Wer ohne Schuld ist, werfe den ersten Stein!«, »Ich habe ja nicht angefangen, warum soll ich also den ersten Schritt machen?« in der Luft. Nach diesen Kausalketten handeln unsere Familienmitglieder, wir erleben das in den Kinderbeaufsichtigungsstätten und Schulen. Es zieht sich über unsere Ausbildung bis ins Vereinsleben durch.

Ich bringe in diesem Zusammenhang den irritierend anmutenden Begriff der »Fernheilung«. Er ist nicht in dem esoterischen Sinne gemeint, über einen persönlichen Gegenstand oder ein Foto jemanden gesunden lassen zu können. Der Wunsch »Ich möchte, dass du mich liebst!« hat schon in der pubertären Phase nicht funktioniert. Ich kann in sehr geringem Maße beeinflussen, dass ein anderer sich anders verhält; der Wunsch nach Manipulation wird nicht aussterben. Was ich beeinflussen kann, ist der Anteil, den ICH zur Kommunikation beitrage. Also nehme ich die Initiative in die Hand, weil ich dadurch den Vorteil habe, die grundsätzliche Richtung vorzugeben – Eskalation oder Entspannung und Souveränität.

Ich weiß, ja, ich weiß, das ist oft nicht leicht, gerade wenn die eigenen Buzzer gedrückt wurden. Deshalb lesen Sie das Buch tapfer weiter, machen sich Gedanken, präparieren sich für zukünftige Situationen und tauchen in die Abgründe zwischenmenschlichen Verhaltens ein.

Eines kann ich Ihnen versprechen – wenn Sie daraus wieder auftauchen, haben Sie unvergessliche Erkenntnisse gewonnen. Sie werden eine Sehnsucht entwickeln, diesen Zustand erneut zu erleben, und von nun an werden Sie sich auf die Gestaltungsmöglichkeit Ihrer Konflikte freuen. Jetzt wird mein Tonfall gerade etwas apostolisch!

Auch bei diesem Programmpunkt ist die Frage das geeignete Mittel der Wahl.

Historie 2: Kontaktieren (Fragen an den Konfliktpartner)

»Wie gehst du mit unserem Konfliktgespräch von gestern um?« und »Was bedeutet das für unsere weitere Zusammenarbeit?« – ja, es ist eine Frage des Mutes, solche Fragen zu stellen. Vielleicht bekommen Sie eine Antwort, die Ihnen gar nicht behagt, die keine Linderung verheißt und den Graben tiefer werden lässt. Darauf können Sie reagieren, denn wenn Sie den »Sand in den Kopf stecken« (Originalzitat Lothar Matthäus), umgibt Sie eine trügerische Ruhe, die sich spätestens dann, wenn Sie mal Luft holen müssen, in einen Orkan verwandelt.

Gestern konkret passiert – spreche etwas bei meiner Kollegin an, die daraufhin sofort lossprudelt.

Denken Sie bitte daran, dass es in der Seele Ihres Konfliktpartners wahrscheinlich genauso brodelt wie in Ihrer, er aber nicht den berühmten ersten Schritt machen kann. Sie glauben gar nicht, wie viele Kollegen oder Vorgesetzte mit zweitem Vornamen Estragon oder Wladimir heißen. Sie warten ewig auf Godot!

Sie haben sicherlich bemerkt, dass es sich bei den Eingangsfragen dieses Punktes um offene Fragen handelt, die für dieses Anliegen besonders geeignet sind. Diese Frageform zieht einen Stöpsel und lässt somit den Überdruck entweichen. Sie kennen dies von Perlweinflaschen. Sie zu öffnen, bedarf Geduld und Fingerspitzengefühl. Schräg halten, langsam den Korken drehen und abwarten, wie die Bläschen reagieren.

Nach dem Äußern der Frage setzen Sie ganz bewusst eine Pause und warten – einfach mal die Klappe halten. Diese Zeitspanne kommt nur Ihnen peinlich vor, da Ihr Gegenüber gerade mit sich ringt, ob und wie er antworten will. Sein Arbeitsspeicher ist voll, und die Festplatte rattert auf vollen Umdrehungen, während Sie passenderweise still den Erlkönig rezitieren: »Ich liebe dich, mich reizt deine schöne Gestalt; Und bist du nicht willig, so brauch ich Gewalt.« Goethe hat mein Buch noch nicht gelesen!

Dieses Phänomen der unterschiedlichen Wahrnehmung von mentaler Auslastung ist es wert, mit einigen Sätzen näher betrachtet zu werden. Direkt verbunden damit ist eben auch der pointierte Einsatz von Pausen, einem der am meisten unterschätzten Gestaltungsmittel der Kommunikation. Kommunikation ist nicht permanentes Absondern unterschiedlicher Laute, sondern aufnehmen, verarbeiten, Antwort vorbereiten, artikulieren und nachhören. *EVA-Grundprinzip der Datenverarbeitung: Eingabe, Verarbeitung und Ausgabe* Während dieser Zeitspanne wartet der Gesprächspartner mit empfangsbereiten Synapsen und erhält erst mal nichts, was ihm wiederum die Gelegenheit bietet, selbst zu reflektieren. Das ist wie bei der Musik, die außer dem permanenten Gedudel eine wunderbare Abfolge von Tönen und Pausen ist.

Historie 3: Archivieren (Fragen an mich)

Was habe ich daraus gelernt? Wie ändere ich den Umgang? Lernen ist die Aneignung von Wissen und Fähigkeiten. So gesehen ist es die Eigenart eines Sammlers, der möglichst viel Qualität und Quantität seines Begierdeobjekts anhäufen will. Ich kann die dritte Sprache lernen, das fünfte Musikinstrument, die lückenlose Geschichte des Wikingerstandorts Haithabu recherchieren oder Schuhplattler einüben. Auf der anderen Seite ist es die Erkenntnis aus Erfahrung, dass ich mein Verhalten ändern muss und / oder will.

Ich merke, dass ich durch mein lautstarkes Verhalten in der Kneipe von der Getränkeversorgung des Wirtes abgeschnitten werde. Also lerne ich aus Durst, dass es günstiger ist, sich mit dem Mundschenk gut zu stellen. Schönen Gruß an die Köbes in den Kölner Brauhäusern!

Aus Erfahrung lernen, dass ich mein Verhalten ändern möchte – das war die eingangs erwähnte Definition von Lernen.

Das mit der rückstandsfreien Beilegung eines Konflikts ist so eine Sache. Sehr schnell antworten Menschen auf die entsprechende Frage mit »Okay, vergeben und vergessen!«. Eine sehr friedvolle Variante des Selbstbetrugs. Zeigt jemand Einsicht in sein falsches Verhalten, springt ein weiteres Muster unserer evolutionären Entwicklung an – die Beißhemmung bei Tieren durch Anwendung der Unterwerfungsgeste. Zeigt ein Tier im Spiel oder Kampf dieses Verhalten, so wird das dominante Tier vom entscheidenden Biss absehen. Mittlerweile ist sich die Hundeliteratur darüber einig, dass Herrn Lorenz hier eine Fehlinterpretation gelungen ist, weil hier ein Rollentausch stattfindet, der mit dem Betteln um Futter einhergeht. Googeln Sie bitte selber, sonst gleite ich zu weit ab vom Thema. Und Sie wissen ja, das wird dann wieder ein anderes Buch.

Also lautet die Frage: Werde ich hier durch eine Geste manipuliert oder kommt der Impuls zur Entspannung aus mir selber?

In Beziehungsratgebern heißt es, dass die Charaktereigenschaft »nachtragend« Gift für eine Beziehung sei. Weiterhin wird angeführt, dass der Nachtragende sich durch dieses Verhalten selber belaste. Meine toxikologischen Grundkenntnisse sind rudimentär, haften geblieben ist mir die Erkenntnis von Theophrastus Bombast von Hohenheim, genannt Paracelsus: »Alle Dinge sind Gift und nichts ist ohne Gift; allein die Dosis macht, dass ein Ding kein Gift ist.« Die Erinnerung wachzuhalten, ist ein wesentlicher Bestandteil des Lernprozesses. Wir alle kennen Situationen, in denen in Beziehungsgesprächen die »alten Kamellen« ans Tageslicht gezerrt werden. Meistens sind diese Erinnerungssplitter kontraproduktiv; eine Gemengelage mit dem jeweiligen Gefühl, dass ich ja sowieso nichts mehr daran ändern kann. Als Erkenntnisquelle für zukünftiges Verhalten erhält Vergangenes seinen Wert. Ich kann also aus der Verarbeitung des Zurückliegenden mein zukünftiges Verhalten steuern.

Im Sinne der CAH[ka:]-Strategie unterscheiden Sie bitte zwischen Nachtragen aus persönlicher Kränkung und Antriggern der individuellen Resonanzmuster, für die Ihr Konfliktpartner nicht verantwortlich ist. Erinnern im Sinne von »Das hatten wir schon einmal, ist jetzt wieder genauso, nachdem wir etwas anderes verabredet hatten!« ist eine ökonomische Gedächtnisleistung, die vor mentaler Schleifenbildung und unnötigem Energieverlust schützt.

steckt ja im Wort »nach-tragen«

Ein weiterer Aspekt zu Historie 3: Hake ich das alles jetzt ab und vergesse es? Hake ich es ab und speichere es? Gemäß dem Motto: Ich bin nicht nachtragend, habe aber ein ausgezeichnetes Gedächtnis!

Die Strategie im Einsatz

Gehen wir nun einen konkreten Fall durch, an dem ich die einzelnen Schritte der CAH [ka:]-Strategie erläuterte. Zur Erinnerung vorher noch mal der Überblick:

Check	0. Atmen
	1. Definition
	2. Emotion
	3. S-D-K
Aktion	1. Formel einsetzen
	2. Verhalten planen
	3. Dialog durchziehen
Historie	1. Sondieren
	2. Kontaktieren
	3. Archivieren

Sie sind Vertriebsleiter eines mittelständischen Unternehmens, das Beleuchtungssysteme mit LED-Technologie herstellt und vornehmlich Produktionsstätten umrüstet. Seit zwei Jahren sind Sie in dieser Position und arbeiten auf Ihr Ziel hin – Aufstieg in die erweiterte Geschäftsführung in drei Jahren. Ihr Mitarbeiter Alexander W., 43 Jahre alt, war schon jahrelang als Außendienstmitarbeiter in der Firma, als Sie Ihre Position einnahmen. Er verkaufte zu Beginn Neonröhren und erlebte dann den Umstieg auf die neue Technologie. Dabei zeigte sich, dass seine Begeisterung für technische Zusammenhänge weniger ausgeprägt ist und er sich in der Argumentation für LED-Technologie schwertut. Das Geschäftsmodell des Unternehmens basiert auf einem Leasingvertrag als Finanzierungslösung. Die Performance dieses Mitarbeiters ist linear, sodass man ihn neudeutsch als Low Performer bezeichnen würde. Gerade in diesem Quartal gelang es ihm trotz eines großen Medienechos in seinem Vertriebsgebiet nicht, den anvisierten Umsatz zu erreichen. Sie sind nun an dem Punkt angelangt, mit ihm mal ein »ernstes Wort« zu reden, weil Sie erkannt haben, dass jedes weitere Zögern Ihre eigene Zukunftsplanung trotz LED dunkel werden lässt.

Hier bedeutet der Punkt **0. Atmen**, das Mitarbeitergespräch nicht spontan zu führen, sondern gut vorzubereiten.

In der Phase **Check 1** wird die Frage ventiliert, ob es ein Problem auf sachlicher Basis ist oder ob es eine weitere Zutat, die Emotion, gibt. Hier prüfen Sie bitte die objektiven Faktoren, in diesem Fall zum Beispiel, ob im CRM die Stammdaten aktuell sind, wie die Prognose über die wirtschaftliche Entwicklung im Vertriebsgebiet lautet, ob das eigene Produkt wettbewerbsfähig ist und die Rahmenbedingungen angemessen sind. Der Vertrieb etwa von schnurlosen Telefonen für das Festnetz unterliegt halt einem vorgegebenen Innovationszyklus.

Bei **Check 2** geht es erst mal um die eigene Emotion. Merken Sie, wie Ihr Blutdruck steigt, wenn Sie an Alexander W. denken? Ärgert Sie dessen lasche Einstellung, verachten Sie seine Schwäche und seine permanente Flucht in Ausreden? Da Sie diesen Vorbereitungsmonolog, wie der Name schon sagt, mit sich selbst führen, seien Sie grundehrlich. Je tiefer Sie da bohren und in Ihre seelischen Abgründe eintauchen, umso mehr erhöhen Sie die Chance, die Energie des brodelnden Magmas positiv umzusetzen. Gibt es Anhaltspunkte für die Emotionen Ihres Mitarbeiters? Hat er durch Äußerungen, flapsige Bemerkungen oder Ähnliches etwas durch die professionelle Kruste dringen lassen? Enttäuschungen, das Gefühl der Zurücksetzung, Neid, Ärger, die eigenen Ziele nicht zu erreichen? Das sind nur Spekulationen, wenn Sie die Antriebskräfte des Mitarbeiters nicht kennen und nicht die Botschaften im alltäglichen Umgang dechiffrieren können. Das ist vollkommen o. k. so, denn über den von Ihnen zu steuernden Austausch erfahren Sie etwas über den Menschen Ihnen gegenüber. Sie verstehen ihn besser, und das ist das Fundament, auf dem Sie Ihre Entscheidungen treffen werden.

Projektion der eigenen Gefühle

In **Check 3** geht es um die Kategorien der Auseinandersetzung bei der vermuteten Ausgangslage. Es geht nicht in erster Linie darum, Alexander W. davon zu überzeugen, dass seine Leistung besser werden muss – eine Debatte scheint hier nicht angebracht. Die Spielregeln sind durch klare Provisionsregelungen und andere Anreizsysteme transparent und allen bekannt. Nehmen wir in unserem Fall einmal den positiven Kampf als erwünschte Kategorie an. Hierbei geht es nicht um das Vernichten des Feindes, sondern um sportlichen Ehrgeiz. Das entspricht auch Ihrer inneren Haltung, in der die Hungrigkeit eines Vertrieblers, der eigene Antrieb, der Beste zu sein, fest verankert sein muss. Sie entscheiden sich also, das Gespräch auf Basis des Kampfes zu führen; bitte nicht dem Missverständnis aufsitzen, das Gespräch *als* Kampf zu führen.

Bei der Planung des Gesprächs greifen wir auf die einzelnen Terme der Konfliktformel zurück.

$$\text{Konflikt} = \frac{(\text{Firma} + \text{Gesellschaft} + \text{Privat})}{(\textbf{X} \cdot (\textbf{Gehirn} + \textbf{Emotion})) \cdot ((\text{Rhetorik} + \text{Muster}) + (\text{Stimme} + \text{Körpersprache}))}$$

Tragen Sie oder Ihre Firma den sogenannten Spirit, den Geist des Unternehmens, offensiv in die Welt? Steht auf Ihrem Schild Marktführer, maximale Kundenzufriedenheit, schnelles Wachstum, Innovationsfreudigkeit, sodass deutlich wird, unter welchem Wappen Sie antreten? Gibt es Leitlinien, Rituale und eine gelebte Unternehmenskraft, die vom Einbiegen auf das Firmengelände über den Empfang bis zur Mülltrennung spürbar sind?

Bei dem »**X**«, der Anzahl der beteiligten Personen, besteht schnell Klarheit – das sind in unserem Fall zwei.

Beim Stichwort »Wahrnehmung« (**Gehirn**) wenden Sie sich der Frage zu, welche Ihrer Gedanken auf Fakten beruhen oder Interpretationen sind. Erliegen Sie den bisher beschriebenen Wahrnehmungsfehlern? In diesem Fall könnte es sein, dass Sie mit Ihrem jugendlichen Ehrgeiz die Spannkraft des Alters anders als andere einschätzen. Oder beruhen Ihre Interpretationen auf dem Hörensagen anderer Kollegen, die damit eigene Ziele verfolgen? Denken Sie daran, Sie und Ihre Mitarbeiter befinden sich im Kampfmodus, da gibt es nur wenige Regeln, und auch kleine Nickeligkeiten sind an der Tagesordnung und im Rahmen des Erlaubten.

Beim Check der »Definition« haben Sie den Gefühlsanteil positiv identifiziert (**Emotion**). In diesem Punkt ging es nur um die Frage: sachliches Problem oder Beteiligung anderer Gehirnregionen? Jetzt nützt es nichts, Sie müssen tiefer hinab in Ihren Gefühlskeller steigen. Über die Emotionen Ihres Mitarbeiters können Sie Vermutungen anstellen oder versuchen, sie zu erraten, beides sind unsichere Verfahren der Meinungsbildung. Ein gewisses Maß an Selbstreflexion gehört zu den Fähigkeiten einer Führungskraft und ist notwendiges Werkzeug im Job. Ob Sie das durch Coaching, Meditation, sportliche Grenzerfahrungen herausarbeiten, bleibt Ihnen überlassen; die Hauptsache ist: Kramen Sie darin herum. Wir nehmen in unserem Fall an, dass Sie Ihre eigene Position durch den Low Performer gefährdet sehen und Ihr persönlicher Ehrgeiz in Mitleidenschaft gerät. Sie wollen in die Geschäftsführung und das geht nur mit erfolgreichen Zahlen!

Anita hat mir ein Analyse-tool gezeigt: GFK-Navigator für Gefühle, Emotionen und Stimmungen

Jetzt kommen wir zu **Aktion 1 und 2**, der Art und Weise, wie Sie es mitteilen, den **rhetorischen** Anteil.

$$\text{Konflikt} = \frac{(\text{Firma} + \text{Gesellschaft} + \text{Privat})}{(X \cdot (\text{Gehirn} + \text{Emotion})) \cdot ((\textbf{Rhetorik} + \textbf{Muster}) + (\text{Stimme} + \text{Körpersprache}))}$$

Hierzu gibt es verschiedene Feedbackmodelle, die sich hauptsächlich auf die Gewaltfreie Kommunikation von Marshall B. Rosenberg berufen und auf die drei Siebe von Sokrates zurückgehen.

Zum weisen Sokrates kam einer gelaufen und sagte: »Höre, Sokrates, das muss ich dir erzählen!« – »Halte ein!«, unterbrach ihn der

Weise. »Hast du das, was du mir sagen willst, durch die drei Siebe gesiebt?« – »Drei Siebe?«, fragte der andere voller Verwunderung. »Ja, guter Freund! Lass sehen, ob das, was du mir sagen willst, durch die drei Siebe hindurchgeht: Das erste ist die Wahrheit. Hast du alles, was du mir erzählen willst, geprüft, ob es wahr ist?« – »Nein, ich hörte es erzählen und …« – »Soso! Aber sicher hast du es im zweiten Sieb geprüft. Es ist das Sieb der Güte. Ist das, was du mir erzählen willst, gut?« – Zögernd sagte der andere: »Nein, im Gegenteil …« – »Hm …«, sagte der Weise, »so lass uns auch das dritte Sieb noch anwenden. Ist es notwendig, dass du mir das erzählst?« – »Notwendig nun gerade nicht …« – »Also«, sagte lächelnd der Weise, »wenn es weder wahr noch gut noch notwendig ist, so lass es begraben sein und belaste dich und mich nicht damit.«

Der gängigste Feedbackrahmen ist das 3-W-Modell, irgendwann entstanden durch eine Kombination aus Gewaltfreier Kommunikation und Schulz von Thuns Vier-Ohren-Modell: Wahrnehmung, Wirkung, Wunsch. Zuerst beschreiben Sie, wie Sie die Situation erlebt haben: »Ich habe unser Gespräch gestern so erlebt, dass …« Die daraus resultierende Wirkung wird mit den Worten beschrieben: »Das hat mich irritiert / das hat dazu geführt, dass …« Zum Abschluss wird ein positiver Wunsch formuliert: »Ich wünsche mir, dass zukünftig …«

In die Champions League der Mundwerker steigen Sie auf, wenn Sie das von mir weiterentwickelte 6-W-Modell verwenden (s. folgende Abbildung).

Konkret auf dieses Beispiel angewendet, bedeutet das folgenden Wortlaut der Gesprächseröffnung Ihrerseits:

1. Wahrnehmen: »Ich habe bei der Durchsicht der Zahlen festgestellt, dass diese in den letzten drei Monaten kontinuierlich um zehn Prozent nach unten gegangen sind.«
2. Wirklichkeit: »Ich habe mir die Zahlen aus unserem Sales-Cockpit gezogen und Ihnen als Kopie mitgebracht.«

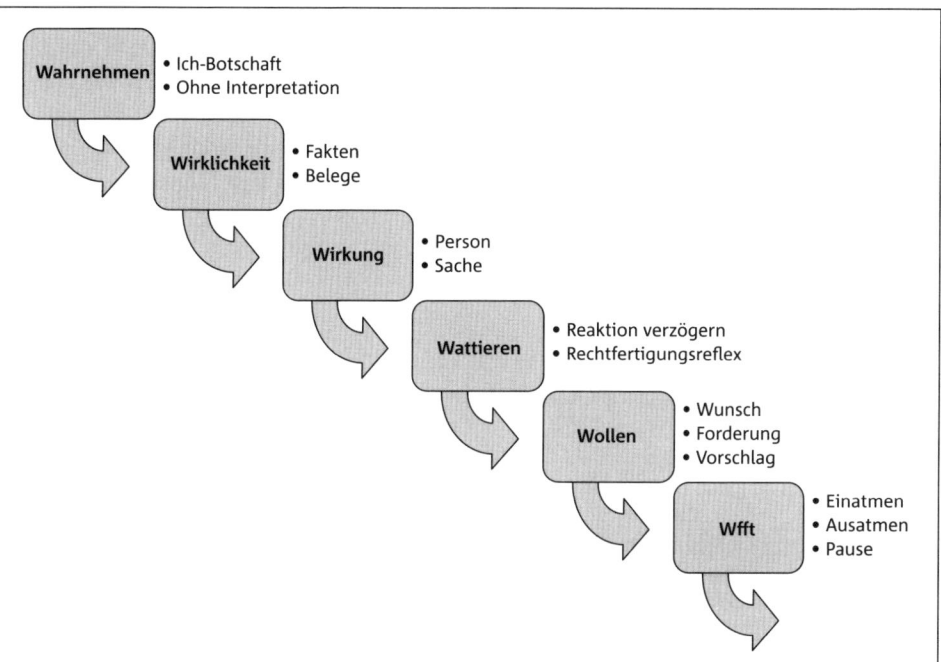

3. Wirkung: »Das hat zur Folge, dass unsere Vertriebsmann-
schaft das dritte Quartal in Folge die Ziele nicht erreichen
wird.«
4. Wattieren: »Ich bin darüber verärgert / irritiert / erstaunt und
kann mir das nicht so richtig erklären.«
5. Wollen: »Ich wünsche mir daher, dass Sie mir an einem
Folgetermin einen detaillierten Maßnahmenplan vorstellen,
wie Sie das verändern werden.«
6. Wfft: Atmen und Sprechpause.

»Wfft« bedeutet übrigens »den Mund halten«! Das ist die Devise,
auch wenn es Ihnen schwerfallen sollte, weil Sie die Stille als unangenehm empfinden. Ihr Gegenüber denkt gerade nach und die
volle Wirkung Ihrer Worte entfaltet sich bei ihm. Er ist beschäftigt, ringt um eine Antwort, stutzt erst mal und Ärger steigt in ihm
hoch.

Ich weiß, dass einige meiner Kollegen jetzt an einzelnen Formulierungen herumquengeln werden. »Fast jeder Satz fängt mit ›Ich‹ an!« usw. Zu Recht, und es gibt Hunderte von Varianten. Mir geht es darum, das Raster vorzustellen. Jeder Führungskraft traue ich zu, den eigenen persönlichen Stil auf die jeweilige Situation abgestimmt zu finden. Lassen Sie sich von Vorgaben wie »Sie müssen ...«, »Vermeiden Sie ...« oder »Tragen Sie Sorge, dass ...« nicht einengen.

In 99 Prozent der Fälle springt jetzt beim Gesprächspartner ein Muster auf – der Rechtfertigungsreflex.

»Aber ich wollte doch nur ...!«

1977 wurde ein Experiment am Kopierer durchgeführt – »The Mindlessness of Ostensibly Thoughtful Action: The Role of ›Placebic‹ Information in Interpersonal Interaction« von Ellen Langer. Eine Person drängelte sich am Kopierer vor, mit einer Ansage in drei Varianten:

- 1. Version (Frage ohne Begründung): »Entschuldige, ich habe hier fünf Seiten zu kopieren. Kann ich bitte vor?«
- 2. Version (Frage mit echter Begründung): »Entschuldige, ich habe hier fünf Seiten zu kopieren. Kann ich bitte vor, weil ich's eilig habe?«
- 3. Version (Frage mit Fake-Begründung): »Entschuldige, ich habe hier fünf Seiten zu kopieren, kann ich bitte vor, weil ich kopieren möchte?«

Der Drängler wurde in Variante 1 von 60 Prozent der Schlangensteher vorgelassen, bei Variante 2 von 94 Prozent und bei Variante 3 von 93 Prozent. Die Wissenschaftler führen es auf den Gebrauch des Wortes »weil« zurück. Das Wort rechtfertigt eine Handlung und deutet eine zwingend notwendige Kausalkette an. Damit geben sich die Zuhörer zufrieden und überprüfen nicht die Plausibilität der Argumentation.

Inspiriert von diesem Experiment, habe ich meine eigene Version entwickelt und in die Tat umgesetzt. In einem Discounter habe ich verschiedene Hygieneartikel wie Toilettenpapier, Spülmittel und Zahnpasta eingesammelt. An der langen Schlange vor der Kasse habe ich mich vorbeigedrängelt mit der Begründung »Darf ich bitte mal vor, ich bin Diabetiker!«: Erfolgsquote 100 Prozent, was natürlich auch daran liegen kann, dass ich es nur in vier Geschäften ausprobiert habe. Die Validität und Realität meines Experiments genügen sicherlich nicht den wissenschaftlichen Maßstäben von Vollblutakademikern.

Der Michalski schreckt auch vor nichts zurück!

Erklären Sie mir bitte den kausalen Zusammenhang zwischen dem Vordrängeln mit Hygieneartikeln und der bedauernswerten Krankheit Diabetes! Bei der Irrationalität dieser Formulierung braucht es nicht einmal das Wort »weil« in der angeblichen Begründung. Mit diesem Rechtfertigungsreflex werden wir erfolgreich, weil er Bestandteil unserer Erziehung und unserer Gesellschaft ist. Der letzte Satz ist nach diesem geschilderten Prinzip aufgebaut, klingt soziologisch plausibel und würde von keinem Gesprächspartner in Zweifel gezogen werden. Sehen Sie, es funktioniert direkt!

Genau dieses Phänomen poppt nun im Gehirn des Mitarbeiters auf. Er findet spontan 100 Gründe, warum es gar so schlecht läuft: der Markt, die Rahmenbedingungen, die allgemeine Wirtschaftslage, Insolvenz eines Großkunden usw. Alles Gründe, die nichts mit ihm zu tun haben. Lassen Sie diesen Entrüstungssturm kommentarlos an sich vorbeiziehen, hören Sie aktiv zu (zustimmende Brummlaute und Kopfnicken im Sinne von »Ich habe Sie verstanden!«). Damit verhindern Sie, dass auch auf Ihrer Seite der Rechtfertigungsreflex anspringt. Alles schon erlebt in Übungen über Feedbackmodelle, in denen die Führungskraft das n-W-Modell in Perfektion performte, um dann nach dem Spannungsabfall in folgende Falle zu tappen: »Sie müssen schon verstehen, ich stehe auch unter Druck, ich weiß, dass es momentan nicht leicht ist, aber Sie müssen auch die Kollegen verstehen, ich schätze Ihre Arbeit, aber …«

sofortiger Widerstand, eigenen Anteil an der Situation negieren und möglichst schnell anderen Schuldigen präsentieren

Eine nachgeschobene Bemerkung zum Thema Rhetorik. Mittlerweile werden ja immer »Unworte des Jahres« gewählt. Für mich gibt es nur un-günstige Wörter. Neben Füllwörtern wie »ähm, sozusagen, gewissermaßen« ist da auch noch das unscheinbare »eigentlich«. In der Umgangssprache wird dieses Wort als neutral betrachtet: »Eigentlich finde ich die Leser meines Buches intelligent!« In Gedanken ergänzen Sie alle »aber«.

Eine weitere rhetorische Regel besagt, dass alles vor dem Wort »aber« gelogen ist. Wenn Ihr Partner Sie fragt, ob er / sie lieber die Jeans statt der schwarzen Samthose für den Jahresempfang der IHK anziehen soll, antworten Sie liebevoll: »Du kannst alles tragen / dir steht alles, aber heute Abend finde ich die schwarze Samthose angemessen!«

Oh, oh, viel Spaß dann, wenn der Partner auch dieses Buch gelesen hat.

$$\text{Konflikt} = \frac{(\text{Firma} + \text{Gesellschaft} + \text{Privat})}{(X \cdot (\text{Gehirn} + \text{Emotion})) \cdot ((\text{Rhetorik} + \text{Muster}) + (\textbf{Stimme} + \textbf{Körpersprache}))}$$

Kommen wir kurz zum Term »**Stimme**« in der Formel. Mit dem Stichwort »Eigenton« ist alles gesagt, was in dieser Situation helfen und unterstützen kann. Eine künstlich gestelzte Stimme bewirkt eher das Gegenteil von Souveränität.

Zum Thema »**Körpersprache**« gibt es meiner Ansicht nach nur die Hinweise auf die normalen, höflichen Umgangsformen. Aufstehen und Entgegengehen mit Handschlag, wenn der Mitarbeiter den Raum betritt, separate Sitzgelegenheit über Eck, Angebot eines Getränks, kurzer Small Talk, ich meine auch wirklich kurz, und Start des Gesprächs direkt mit dem gewählten Modell. Dabei halte ich eine neutrale Sitzhaltung für angemessen und warne vor nachdrücklichem Körperwippen und einpeitschender Gestik bei den einzelnen Phasen. Wenn der Mitarbeiter nach Ihrer Ansprache an der Reihe ist, schlage ich eine offene, leicht zurückgelehnte Körperhaltung vor.

Unter dem Gesichtspunkt von **Aktion 3** fehlt nun nur noch die Termineinladung mit einer Alternative unter gleichzeitiger Nennung des Themas. Das halte ich für eine Frage der Fairness, damit sich der Mitarbeiter darauf ebenfalls vorbereiten kann.

Beim dritten Punkt, der Historie, fällt der erste Punkt »Sondieren« (**Historie 1**) in Verbindung mit dem zweiten Punkt »Kontaktieren« (**Historie 2**) direkt auf den nächsten Tag. Sprechen Sie ihn mit den Kernfragen am nächsten Tag an. So entsteht die Chance für Nachfragen, falls etwas unklar ist, Sie bekommen ein Gefühl, ob der Mitarbeiter durch das Gespräch erschüttert ist und wie er sich zur Arbeit geschleppt hat. Es geht dabei nicht um die erneute Gelegenheit, Ihre eigene Meinung kundzutun – einfach nur beobachten, nachfragen und gegebenenfalls klären.

Im Rahmen des fünften Punktes im Feedbackmodell (»Wollen«) hatten Sie Ihren Mitarbeiter um einen Plan gebeten. Sollten Sie diesen Präsentationstermin nicht direkt im Gespräch geklärt haben, ist nun Gelegenheit, das nächste Treffen festzuzurren. Dieser Plan beinhaltet vereinbarte Meilensteine, an denen Sie zusammenkommen, um die Kursabweichungen abzuchecken und kleinere Korrekturen vorzunehmen.

Läuft alles planmäßig, können Sie diesen Konflikt archivieren (**Historie 3**). Bemerken Sie ein mühsames gemeinsames Voranschreiten, legen Sie sich ein Outplacement-Szenario zurecht.

Wie sagte schon Hannibal vom A-Team: »Ich liebe es, wenn ein Plan funktioniert.«

So, jetzt haben Sie das von Ihrer Seite Mögliche getan, damit es ein konfliktarmes Gespräch wird.

Diese Vorgehensweise ist keine Zauberformel, die mit 100-prozentiger Sicherheit eine Konfrontation vermeidet. An früherer Stelle habe ich den Aspekt der unmöglichen Fernheilung angesprochen. Sie können nur vorausahnen, wie Ihr Gesprächspartner gerade drauf ist und auf welchem Fuß Sie ihn erwischen. Niemand sagt,

Was mich persönlich häufig irritiert hat, war die spürbare Unsicherheit meiner Vorgesetzten, wenn sie mir etwas Kritisches mitteilen wollten. Teilweise wirkten sie so unsicher, dass ich Mitleid mit ihnen hatte und ihre ungerechtfertigten Aussagen kaum hinterfragt habe.

dass es einfach ist, denn wenn es einfach wäre, würden es ja alle machen. Bevor ich weiter in Binsenweisheiten abgleite, schließe ich dieses Kapitel ab.

Vorbereitung ist der Erfolg jeder Verhandlung. Dieses geflügelte Wort können Sie problemlos auf die Konfliktbewältigung übertragen. Übung macht den Meister! 10 000 Stunden streiten, wie schon Anders Ericsson mit seiner Stunden-Regel voraussagte!

Damit das Ganze anschaulicher wird, philosophasele ich im nächsten Kapitel über diese Systematik an konkreten Beispielen aus dem Alltagsleben unserer Gesellschaft.

Wenn das Manna auf den Boden der Tatsachen fällt

In den ersten beiden Teilen meiner Konflikt-Bibel habe ich Sie zu den Ursprüngen des Konflikts mitgenommen, Sie mit meiner Konfliktformel als Steuerungsinstrument dieser Konflikte und mit meiner Strategie, sich darauf vorzubereiten, bekannt gemacht und Ihnen damit Werkzeuge an die Hand gegeben, um in Zukunft gerüstet für konfliktöse Situationen zu sein.

Dieser 3. Teil entführt Sie in die reale Welt der Konflikte.

In dessen erstem Kapitel werfen Sie mit mir einen kurzen Blick auf diverse Verhaltensmuster in Unternehmen, die mir im Laufe meines Berufslebens begegnet sind. Und bei denen ich auch Akteur war und in diesem Zirkus die Manege mit eingeheizt habe. Ich war jung und wollte Erfolg haben.

Dafür habe ich Begrifflichkeiten gewählt, von denen einige nicht unbedingt in diesem Zusammenhang gewohnt sind. Und genau deshalb habe ich sie gewählt – weil ich Sie auch hier ermuntern will, nicht den üblichen Gedankenpfaden zu folgen.

Das zweite Kapitel widme ich zehn Konfliktgleichnissen – zehn konfliktgeladenen Situationen, deren gedankliche Steuerung ich Ihnen mithilfe meiner Konfliktformel anheimstelle. Quasi als »Trockenübung«.

Die üblichen Verdächtigen: Geläufige Konfliktstrategien in Unternehmen

Mittlerweile schaue ich auf über 30 Jahre Berufstätigkeit zurück, die mir vielfältige Einblicke in Branchen und Wirtschaftszweige ermöglicht hat. Unterschiedliche Firmenphilosophien und Führungsstile habe ich so aus nächster Nähe kennengelernt und für dieses Buch deren Vor- und Nachteile reflektiert und in Worte gegossen. Für die verschiedenen Aspekte habe ich ein Raster gewählt, das etwas mit Sinnlichkeit zu tun hat, also die Sinne anspricht und einen künstlerischen Touch hat. Diese Einteilung entbehrt jeglicher wissenschaftlichen Fundierung und hat nicht den Anspruch, sachdienliche Schublade zu sein. Dementsprechend steht der Pragmatismus nicht im Vordergrund, sondern eine atmosphärische Beschreibung, die Sie inspiriert, die eigenen Theaterstücke auf der Bühne Ihres Unternehmens einer krisischen, ich meine kritischen Betrachtung zu unterziehen.

Formeln, Kategorien und Rezepte sind die Grundausstattung und Basis für die Bewältigung von Herausforderungen. Sie geben Orientierung, zeigen Wege auf, wie einzelne Bestandteile miteinander harmonieren und welche Verarbeitungsmethoden den gewünschten Zustand begünstigen.

Auf Koch- und Backrezepte haben wir alle Zugriff, können Schritt für Schritt die Rezeptur anwenden und können doch sicher sein, dass die Geschmacksbreite der Ergebnisse eine gaumentechnisch herausfordernde Bandbreite darstellt: von *Mmmmmh* bis *Pfui* – obwohl alle Küchenzauberer gleiche Zutaten und Rezeptur hatten. Lassen Sie also die folgenden weitschweifenden Ausführungen

Ihre Gedankenkanäle durchfluten und Wiedererkennungsmomente aufpoppen und schmunzelnd an sich vorbeiziehen und nehmen Sie damit eine andere Perspektive ein.

Die geläufigsten Konfliktstrategien in Unternehmen:

1. Ignorieren
2. Vermeiden
3. Übertönen
4. Übermalen
5. Vertuschen

1. Ignorieren

In den ersten drei Jahren meiner Selbstständigkeit habe ich fast 500 Seminartage gegeben, selbstverständlich nicht durch eigene Akquise, sondern als Subunternehmer für Weiterbildungsinstitute. Ein stetiger Strom von Seminarterminen, gesicherte Umsätze, in meinem Fall häufig mangelhaftes Briefing der Aufträge und sklavenähnliche Bezahlung – das sind die zwei Seiten der Medaille nahe an der Grenze zur Scheinselbstständigkeit. Ein altes asiatisches Sprichwort sagt, dass man im Streit die drei Seiten einer Medaille nicht sieht: Eine Seite ist die des Gegenübers, die zweite Seite ist meine, und die dritte Seite ist die, die wir beide nicht sehen. Oder nicht sehen wollen.

Meine dritte Seite hatte ich eine ganze Weile ignoriert, im Nachhinein wird sie von mir als »Seminarhärte« bezeichnet. Darunter verstehe ich, dass ich fast alles erlebt habe, was einem Seminarleiter tagsüber passieren kann. Dies reicht von Standing Ovations der Teilnehmer bis hin zum Abbruch eines Seminartages in der Mittagspause durch die Geschäftsführer mit den Worten: »Erlauben Sie sich nicht, für diesen Tag eine Rechnung zu stellen!« Meine inhaltliche Palette reichte von A wie Argumentationstraining das gesamte Alphabet hindurch bis zu Z wie Zeitmanagement. Sie ahnen es bereits – ein Trainer kann alles! Ich erlebte alles und ich machte alles … Und ignorierte die Tatsache, dass ich das eigentlich gar nicht wollte. Was mir erst später klar geworden ist, als ich die Synonyme des Wortes »ignorieren« – außer Acht lassen, an sich abperlen lassen, bewusst wegsehen – kennenlernte.

Als besonders kurios bleibt für mich ein Seminar in Schnelllese-technik im Gedächtnis. Ein Anruf kam rein: »Herr Michalski, sind Sie fit in Schnelllesetechniken?« »Sie meinen Speedreading?« »Ah, ich sehe, Sie kennen sich da aus, gebucht!« Ich hatte seit einem Jahr ein Buch darüber in meinem Schrank stehen, original ver-schweißt. Ein normal geübter Leser erfasst ca. 240 Wörter pro Mi-nute (WpM), falls es nicht um einen Fachtext oder komplizierte Zusammenhänge geht. In einem Zweitagesseminar ist es durchaus möglich, die Lesegeschwindigkeit zu verdoppeln, und bevor ich kritische Stimmen zu laut werden lasse: Auch das Textverständnis bleibt dabei nicht auf der Strecke. Bei besagtem Seminar hatte ich also einen hauchdünnen Wissensvorsprung vor den Teilnehmern. Der Eingangstest ergab, dass alle, und ich meine alle, schon auf über 400 WpM kamen. Ich rettete mich mit schauspielerischem Geschick über den ersten Tag, verbrachte noch einen kurzen Abend an der Bar und zog mich zurück mit der Bemerkung: »Ich bin müde und möchte morgen fit sein!« Ich schloss mich gegen 22:00 Uhr in den Seminarraum ein und kam erst gegen 5:00 Uhr morgens ins Bett, nachdem ich recherchiert und den zweiten Tag geplant hatte. Ich bekam dann am Ende doch erstaunlich gute Rückmeldungen über das Seminar und genoss auf der Rückfahrt meine Flexibilität, Spontanität und angebliche Souveränität. Ich entschuldige mich in aller Form bei denen, die dieses Thema pro-fessionell vertreten – ich habe nie wieder ein Seminar darüber ge-geben. Die Methode des Schnelllesens habe ich als Seminarteil-nehmer dann für mich selber entdeckt und vertieft, mittlerweile eine unverzichtbare Fähigkeit und Futterhilfe für mein unbändiges Neugierde-Motiv.

Nach viereinhalb Jahren fremdgesteuertem Seminartourismus und Ignoranz des unterschwelligen Gefühls, nicht wirklich das zu tun, was ich wollte, keimte der Wunsch auf, mein eigenes Thema zu finden. Mithilfe eines Personal-Branding-Experten kristallisierte sich das Thema Konfliktmanagement heraus. Ich merkte, dass meine skurrilen Berufsjahre ein hervorragendes Fundament darstellten, auf dem ich mein Konfliktgebäude sicher aufstellen konnte.

Zur Vorbereitung meiner Positionierung telefonierte ich mit meinen Kunden, um den sogenannten »Kittel-Brenn-Faktor« (KBF), das brennendste Problem meiner Zielgruppe, zu erfahren. Ich bat sie, mir spontan ihre Assoziationen zum Thema »Konflikte« durch den Hörer zuzurufen. Aus den ersten Telefonaten hat sich dann der legendäre Satz herausgebildet: »Herr Michalski, wir haben keine Probleme, bei uns wird gearbeitet!«

Engpasskonzentrierte Strategie (EKS) mit vier Prinzipien: Konzentration auf Stärken, enge Zielgruppe, in Lücke gehen, tiefe Expertise / Marktführerschaft

Hier zeigt sich die erste Unternehmensstrategie, mit Konflikten umzugehen: das Ignorieren. Diese Haltung bedeutet, dass eine Person von einer Sache zwar weiß, sie aber nicht in die Überlegungen einbeziehen will, oder sich absichtlich nicht damit befassen möchte. Das partielle Vorhandensein von Nichtwissen. Dieser Phase kann man mit Bildung und Wissensvermittlung begegnen.

Daneben gibt es die individuelle Veranlagung, die innere Haltung, mögliches Wissen einfach nicht wissen zu wollen. Oder wie eines der Synonyme sagt: »bewusst zu übersehen« … Wie geht das eigentlich? Das ist ja wie »sich vorsätzlich die Finger verbrennen«.

Mein Verhältnis zu den Ignoranten, den Nicht-Wissenden, hat sich zunehmend entspannt, nachdem ich die Dunning-Kruger-Hypothese kennenlernte. Sie geht davon aus, dass Menschen dazu neigen, ihre intellektuellen Fähigkeiten zu hoch einzuschätzen. Sie alle kennen Veröffentlichungen, in denen sich 88 Prozent der Autofahrer als überdurchschnittlich gut bezeichnen. Und wenn Sie einen Korb von Melonen und Zitronen in Bezug auf die Größe betrachten, werden alle Melonen größer sein als der Durchschnitt; das ist mathematisch spitzfindig, zeigt aber das Dilemma.

Die Hypothese lässt sich folgendermaßen zusammenfassen: Menschen sind zu dumm, um ihre eigene Dummheit zu erkennen, und legen ein nach außen wirkendes, faszinierendes Selbstbewusstsein hin, indem sie Dinge, die sie zu wissen nicht fähig oder interessiert sind, ignorieren.

Dummheit ist nun mal ein Zeichen von mangelnder Intelligenz.

Das Quälende für mich ist, dass die Dummen nicht unter ihrer Unfähigkeit leiden. Sie treffen einfach ungünstige Entscheidungen. Die zweite Hürde ist, dass sie nicht über die kognitiven Fähigkeiten verfügen, zu erkennen, dass sie beschränkt sind. Für die einen ist dieses Phänomen also mehr Segen als Fluch, für die anderen quälender Bestandteil des Alltags.

Diesem Phänomen von Bewältigungsstrategie zu begegnen, ist eine meiner größten Herausforderungen. Im therapeutischen Bereich gibt es den Begriff des »Veränderungsanliegens«. Das bezeichnet die Einsicht, dass sich ein ganz bestimmter Punkt in meinem Leben ändern muss, aus der Not heraus – mit Rauchen aufhören, weil ich Asthma habe, anfangen zu lernen, weil eine Prüfung ansteht … Wenn diese Not nicht eintritt, wird der Punkt gekonnt ignoriert.

Der Frage näher nachzuspüren, ob ignorieren ein kognitiv bewusster Zustand oder fehlenden Synapsen zuzuschreiben ist, führt leider zu weit weg und kann deshalb nicht weiter ausgeführt werden. Deshalb ignoriere ich mal Ihren Protest.

Die einzige Chance, Einsicht zu erzielen, ist, die kognitive Kompetenz zu erhöhen. Gut, genau genommen gibt es auch noch eine andere Variante, nämlich aufzugeben und einzusehen, dass es sinnlos ist, Eingeschränkte von ihrer Eingeschränktheit zu überzeugen. Erst wenn der Schmerz groß genug ist, der Kittel brennt, keimt das Bedürfnis nach Einsicht und Veränderung auf.

Also abwarten, denn ein Überzeugen im Sinne der **Debatte** ist aufgrund der eingeschränkten Sichtweise des Gegenübers nicht möglich. Der **Kampf** scheidet aus moralischen Gründen aus (»Mit der Dummheit kämpfen Götter selbst vergebens« – dichtete schon Schiller in der »Jungfrau von Orleans«), so bleibt nur das **Spiel** übrig: über klare Spielregeln dem Ignoranten deutlich machen, dass die nächste Stufe seiner Selbstverwirklichung an Wissen und Erkenntnis gekoppelt ist. Also eine gewisse Sehnsucht auf Basis der individuellen Wünsche erzeugen.

Mandela: »Bildung ist die mächtigste Waffe, um die Welt zu verändern.«

Diese Gedanken haben mich getrieben, das geschlossene System der Konfliktsteuerung zu entwickeln, das hoffnungsvoll die Einsicht generieren kann, wie Konflikte zustande kommen und welche Einflussfaktoren vorhanden sind. Mit jedem einzelnen der kleinen Schritte ist es möglich, Erfolgserlebnisse zu erzeugen, gefolgt von der Erkenntnis, dass »es nun besser läuft« und eine neue Frucht vom Baum der Erkenntnis genossen werden kann.

Die oben erwähnte schmerzfreie Führungskraft ohne Konflikte ist in meinem Kundenbeziehungs-Management-System als potenzieller Entwicklungskunde kategorisiert. Er braucht keine direkte Überzeugungsarbeit und Akquise, sondern dezente Informationen, die zum richtigen Zeitpunkt auf den richtigen Boden fallen werden.

2. Vermeiden

Die Technik, Konflikte zu (ver)meiden, ähnelt bei vielen Menschen ein bisschen der Vogel-Strauß-Politik: Was sie nicht direkt vor Augen sehen, das gibt es gar nicht … Sie drücken sich davor. Sobald sie einen Konflikt am Horizont vermuten, beginnen sie ein Ablenkungsmanöver, tun alles, damit sich ihr Weg nicht mit dem des Kontrahenten kreuzt, machen einen Bogen um den sich abzeichnenden Konflikt, versuchen, ihn »auszusitzen«.

Das Perfide daran ist, dass sie sich ja bei dieser Kopf-in-den-Sand-Taktik trotzdem mit dem Konflikt auseinandersetzen, mit seinem Ursprung, seinen Auswirkungen, den Zusammenhängen, in denen er erst entstanden ist, weil sie ja ihre Vermeidungstaktik entsprechend konfigurieren müssen. Der Konflikt ist also in ihrem Kopf, sie beschäftigen sich schon mit ihm, betrachten ihn von allen Seiten – und nachdem sie ihn verstanden haben, setzen sie ihre gesamte Energie ein, um sich vor ihm zu drücken.

Erstaunlich, wie viel Energie in diese Taktik gesteckt wird, statt sie in die Lösung zu investieren, Aktionismus = betriebsames, unreflektiertes oder zielloses Handeln ohne Konzept

Diese Dissonanz menschlichen Handelns scheint eine systemimmanente Klippe menschlichen Bewusstseins zu sein. Wir wissen um die Schädlichkeit des Rauchens, die Auswirkungen des Nervengifts Nikotin, sehen mittlerweile die Fotos von Patienten, die eine Laryngektomie-OP hinter sich haben, mit der der Kehlkopf samt Stimmbändern entfernt wird, die Patienten also durch ein Außenventil atmen. Und wir rauchen trotzdem …

Wir suchen aktiv nach Informationen und Wirkzusammenhängen, sind also neugierig, warum irgendetwas so und so passiert, und verdauen diese Informationen erst mal, indem wir genüsslich ein Bierchen und eine Zigarette zu uns nehmen. Paradoxes Handeln!

Ein Unternehmen sieht, dass ein Marktbegleiter ein neues Produkt erfolgreich auf den Markt bringt. Ein echter Innovationssprung, der das Konsumentenverhalten auf eine neue Stufe hebt. Das neue Produkt wird sofort gekauft und mit forensischer Genauigkeit untersucht. Man kann es natürlich ausleihen und mit Klebeband versehen zurückgeben, wie das ein deutscher Autobauer mit einem gemieteten Elektroauto vollzogen hat. Als Resultat dieser Spionagearbeit wird die Forschungs- und Entwicklungsabteilung angewiesen, das eigene Produkt weiter-, ich betone, weiterzuentwickeln. Paul Watzlawick hat das in seinem Buch »Anleitung zum Unglücklichsein« als »mehr desselben« beschrieben. Für eine Lösung graben wir in demselben Loch tiefer, und wenn das nicht reicht, holen wir uns einen größeren Spaten oder Bagger, um an selbiger Stelle noch tiefer zu graben. Vermeiden hat also etwas mit alternativem Aktionismus zu tun, der nicht unbedingt lösungs-fördernd ist, dafür Geschäftigkeit vortäuscht. Hier wäre laterales Denken oder auf Deutsch Querdenken angesagt. Einige von Ihnen kennen vielleicht das nicht zu verifizierende Experiment mit Fliegen und Bienen in einer Flasche, den Boden einer Lichtquelle zugewandt. Bienen würden in Richtung der Lichtquelle den Boden millimetergenau nach einem Ausgang absuchen, die Fliegen schwirren scheinbar ziellos umher und würden so den Ausgang durch den Flaschenhals finden. Die Grundidee dieser Geschichte stimmt. Ist zwar nicht mit teutonischer Gründlichkeit und Inge-nieurskunst vereinbar, aber eine alternative Handlungsstrategie zum Erfolg.

Selbstbetrug ist teilweise psychologisch notwendige Selbst-täuschung. Da denke ich gleich an die Fabel von Äsop mit dem Fuchs und den sauren Trauben

Die Scheinwelt dieser Vorgehensweise ist verlockend, denn sie ver-mittelt das Gefühl, dass an dem Problem gearbeitet wird. Nehmen wir die Benzineinsparung durch Leichtbauweise mit Aluminium. Technisch schnell zusammengefasst – der Aufwand der Forschung und Entwicklungsarbeit steht ebenso wie die Energiebilanz zur Erstellung des Werkstoffs in keinem günstigen Verhältnis zu der Spriteinsparung dadurch. Jede »Einstellungsmodifikation« des Motors ist effizienter, natürlich nur, wenn sie moralisch und tech-nisch vertretbar ist. Mit der Anmut eines argentinischen Tango-tänzers schlängeln wir uns um des Pudels Kern herum. Im selben Loch noch tiefer bohren.

Dieses scheinbar einfache Verhaltensmuster ist wirtschaftlich ge-fährlich, denn es entfernt die Firma immer weiter vom eigentli-chen Kerngeschäft, mit der Konsequenz, dass die Kundennähe und Glaubwürdigkeit verloren gehen. Ein deutscher Automobil-konzern hat dies 2015 am eigenen Blechkleid erlebt.

Fehlerkultur

3. Übertönen

Wir reden hier nicht von Friseurtricks, eine misslungene Haarfarbe oder graue Haare zu übertönen. Wir reden hier über Krakeelen im Sinne von Lärmen, also von übermäßigem Stimmdruck über die Durchschnittslautstärke hinaus mit dem Ziel, den anderen mundtot zu machen, ihn zum Schweigen zu bringen. Die andere Seite der Dezibelskala ist sanftes verbales Einlullen in der Hoffnung, dass der Widerstand des Gegenübers somit einschläft.

Erstere Technik sehen wir zu meinem großen Verdruss in sogenannten Talkshows und Diskussionsrunden im allabendlichen Bewegtbild. Permanentes Unterbrechen und Nichtausredenlassen, eine besonders unangenehme Form des Übertönens, ist mittlerweile Gradmesser für die Aktualität und Lebendigkeit einer Gesprächsrunde; von den Talkmastern kommen meist nur hilflose Beschwichtigungsversuche. Diese hohe Energie, die Dynamik und Tatkraft vermittelt, ist die geheime Zutat für diese Verhaltensweise: »Och, der / die kann sich aber durchsetzen!«, ein Rückgriff auf archaische Verhaltensweisen, die das Überleben einer Sippe gewährleisteten – damals mit Tierfellen und einem Wortschatz ausgestattet, der über einfaches Grunzen und Gutturallaute nicht hinauskam. Ich wollte ja eigentlich nicht mehr über Talkshows sprechen.

Unser Hörsystem hat eine wunderbare Filterfunktion, die fortwährend Störgeräusche herausfiltert, wie zum Beispiel unseren Herzschlag oder den Blutfluss. Sicherlich kennen Sie auch dieses Phänomen der selektiven Wahrnehmung, dass gerade Kinder und Partner nur das hören, was sie gerade hören wollen. Dies ist eine Erklärungstheorie für den Tinnitus, nach der unser Gehirn diese Störgeräusche als richtige Signale wahrnimmt und sie deswegen verarbeitet. Diese Fehlfunktion kann durch Stress, Angst oder Schock verursacht werden. Es wäre sicherlich ein interessanter Zweig der Konfliktforschung, ob das Übertönen von Konflikten eine ähnliche Nervenschädigung hervorruft und die Neuronen

Seitennotiz

Das kenne ich von Ortsratssitzungen meiner Gemeinde – da zählt Stimmkraft mehr als Argumente.

dazu bringt, permanent zu feuern. Dies soll bitte nicht als Gering-schätzung von Tinnituspatienten angesehen werden, die einen hohen Leidpegel aushalten müssen, was ich als Musiker körperlich schwer und mental gut nachvollziehen kann.

Evolutionsmäßig haben Anwender dieser Vermeidungsstrategie anscheinend eine Fähigkeit des Antillen-Pfeiffroschs adaptiert. Der Schalldruck seiner Rufe entspricht mit 114 Dezibel einem etwa sieben Meter entfernten Presslufthammer, der den Frosch sel-ber ertauben lassen müsste. Hier greift eine physikalische Beson-derheit, die auch bei einigen Chefs und Führungskräften zu vermuten ist: Um die Überstimulierung bei eigener Vokalisation zu verhindern, wird dem äußeren Schalldruck über das Hohl-raumsystem der Atemorgane und Lunge eine Schallsäule phasen-versetzt entgegengesetzt, die das Eigenerleben der Stimme erträg-lich macht. Zornesadern am Hals und tiefroter Kopf dienen also bei diesen Schreihälsen ausschließlich dem oralen Eigenschutz und sind in keiner Weise persönlich zu nehmen.

Ich hab jetzt einen Kollegen im Kopf, das Bild geht nicht wieder raus.

Eine viel zartere Ausprägung des Übertönens ist das Abschleifen durch gesellschaftliche Konventionen. Stellen Sie sich einmal vor, Sie antworteten auf die Begrüßungsfrage »Wie geht es so?« mit der Wahrheit – dass Sie wahrscheinlich ein künstliches Kniegelenk brauchen, Ihre Katze an Altersschwäche gestorben ist, Sie Ihren Sohn mit der ersten Zigarette erwischt haben usw. Da ist doch die Ruhrgebietsvariante »Wie is?« – »Muss! Und selbst?« – »Muss auch!« interaktiv und wahrheitsgemäß auf erstaunlich hohem se-mantischen Niveau angesiedelt. Diese schon zuvor erwähnte ra-dikale Ehrlichkeit würde menschliches Zusammenleben unkalku-lierbar machen.

Hier weiche ich für Beispiele von der Wirtschaft in die Politik ab. Sowohl Präsidenten von Weltmächten als auch von isolierten asia-tischen Kleinstaaten nutzen sehr gern die rhetorische Keule, um zum Beispiel innenpolitische Unpässlichkeiten durch zackiges Auftreten und beschwörende Formulierungen zu übertönen. So weit braucht man den geografischen Zirkel gar nicht zu schlagen, denn auch in der ehemaligen DDR gehörte es zum politischen Ton, lautstark und wortgewandt die Entwicklung der eigenen Ideologie zu preisen.

4. Übermalen

Die Übermaltechnik wird besonders in Zeiten von Ressourcenknappheit angewandt. In früheren Zeiten waren Leinwände für Künstler entweder teuer oder rar, sodass misslungene eigene Werke und ebenso eingeschätzte Bilder anderer Künstler mit einer neuen Grundierung versehen und darauf folgend mit dem eigenen Kunstwerk verziert wurden.

Diese Vorgehensweise kann wie mit einer Schablone in das Unternehmen übertragen werden. Konflikte werden mit einem zarten neuen Flaum umhüllt und dann mit einem heroischen Ablenkungsbild unsichtbar gemacht. Auf diese Art und Weise werden Graffiti entfernt: Sie werden einfach übertüncht. In meiner Heimatgemeinde im Eichsfeld kalkten die Landwirte die Wände der Viehställe als natürlichen Schimmelschutz. Auch hier trifft die Sinnbildlichkeit wieder zu – die kursierende Kraft von Konflikten im Keim zu ersticken. Indem die Keime mit einer sie abdeckenden Schicht überzogen werden.

Die Deckschicht in Unternehmen sind Äußerlichkeiten. Auf der einen Seite sind es Titel und Bezeichnungen, die zu Sedierungszwecken verliehen werden, etwa wenn ein Hausmeister zum Facility-Manager mutiert oder ein Meister zum Manager. Einen Qualitätsunterschied ob der Titeländerung erkenne ich allerdings bis heute nicht. Weitere verwendete Farbtupfer sind Dienstwagen mit Sportfahrwerk und die neue Kantine als Zugeständnis an den Betriebsfrieden. Dank dieser »Aufwertungen« werden irgendwo in den Mitarbeitern grummelnde Konfliktkeime großzügig überpinselt.

1571 malte Paolo Veronese für die venezianische Kaufmannsfamilie Cuccina farbenfrohe Szenen aus der Bibel. Dieses Werk befindet sich aktuell in den Staatlichen Kunstsammlungen Dresdens. Nach der Untersuchung mit neuesten technischen Methoden war klar: Der komplette Firnis auf den Gemälden musste abgezogen werden, die Schutzschicht, die nach Vollendung und Trocknung des Werkes als Versiegelung und Konservierung aufgetragen worden war. Dammarfirnis besteht aus einem natürlichen Harz und sorgt für eine hochglänzende Oberfläche mit emailleartigem Tiefenglanz, wie ihn gerade die alten Meister bevorzugten. Doch der Zahn der Zeit sorgte dafür, dass der Himmel leicht grün und dunkel erschien und die Farbbrillanz der Gewänder verblasst war.

So verzerren auch scheinbar transparente Übermalungen den klaren Blick auf die Details. Demzufolge könnte man einen Konfliktnavigator auch als Restaurator bezeichnen, der die Deckschicht abträgt, um die ursprünglichen Zustände wieder ans Tageslicht zu bringen.

Das Meisterhafte des Pinselstrichs wird nicht verändert, ebenso wie gutes Konfliktmanagement die Eigenart des Unternehmens nicht antastet, sondern lediglich die einzelnen Komponenten wieder erstrahlen lässt. Dass dies bei einigen Unternehmen äußerst schwierig ist, weiß jeder, der in jungen Jahren schon mal die bordeauxrote Wand seines WG-Zimmers beim Auszug überstreichen musste; mit besonderem Gefühl denken wir hier an die Eltern, deren Kinder eine schwarze Phase namens Gothic durchlebt haben. Manchmal hilft einfach nur noch, alle Tapetenschichten bis auf das Mauerwerk zu entfernen und den Wandschmuck neu aufzutragen.

Ein Restaurator muss also mit den verschiedenen Kunstrichtungen und Maltechniken vertraut sein; ein Coach für diesen Bereich muss ebenfalls verschiedene kritische Situationen selber überwunden haben.

5. Vertuschen

Die letzte der vorgestellten Techniken ähnelt der vorangegangenen durch den Wortstamm der Tusche und durch die Farbe. Ich möchte hier aber eine andere Eigenschaft von Vermeidungsstrategien deutlich machen. Das Vertuschen meint hier, das ursprüngliche, ursächliche Ereignis in Gedanken so weit zu vertreiben, dass es aus der Erinnerung getilgt wird und sich das schlechte Gewissen auflöst. Das klappt jedoch nur selten. Trotzdem ist es oft unsere erste Wahl, wenn wir etwas »verbrochen« haben und deshalb ein Konflikt auf uns zukommen würde.

Selbstsuggestion: »Ich konnte wirklich nichts machen!« so oft sagen, bis die eigene Erinnerung vertrieben ist.

Wir alle haben das »Vertuschen« schon selbst praktiziert: haben einen Fehler begangen und dann versucht, diesen aus Angst vor den Konsequenzen zu verheimlichen. Spuren beseitigt. Die Tat unter den Teppich gekehrt. Die Mühe ist jedoch häufig umsonst. Über kurz oder lang müssen wir den Fehler eingestehen und uns dafür verantworten. Aufgrund des permanent schlechten Gewissens über unser negatives Verhalten und der ständigen Angst vor dem Auffliegen der Tat ist die »Enttarnung« oft sogar erleichternd.

Behörden und Chefs sitzen da am längeren Hebel. Selbst wenn sie beim Vertuschen erwischt werden, können sie durch tapferes Negieren ihre Vertuschung aufrechterhalten – wenn etwas oft genug geleugnet wird, rückt es sukzessive aus dem Fokus des Interesses und verschwindet im Archiv der ungelösten Fälle.

Die gleiche Vorgehensweise wird amerikanischen Behörden bei der Vertuschung von außerirdischen Besuchern vorgeworfen. Ein unter dem Namen »Roswell-Zwischenfall« bekanntes Ereignis soll sich im Juli 1947 zugetragen haben. Das Wrack eines abgestürzten UFOs wie auch die Körper der außerirdischen Besatzung wurden angeblich zum Hangar 18 auf der Wright-Patterson Air Force Base transportiert. Die Aliens sollen in kryotechnischen Behältern, die Tieftemperaturtechnik zur Verfügung stellen, schockgefroren worden sein. Alles durch permanentes *Verneinen* vertuscht!

Wenn Sie von Ihrem Nachbarn gebeten werden, sich an der Beseitigung einer Leiche und damit der Vertuschung der Tatsache, dass hier jemand nachhaltig aus dem Verkehr gezogen wurde, zu beteiligen, ist es zur Abschätzung des Risikos für Sie wichtig, folgende Sachverhalte zu kennen:

- Wenn es sich um ein Tötungsdelikt handelt und Sie Nachbarschaftshilfe bei der Vertuschung leisten, machen Sie sich nach § 258 StGB der Strafvereitelung schuldig, aber wie gesagt nur, wenn es sich um Mord oder Totschlag handelt. Also Obacht, wie der Betroffene ums Leben kam. Und Augen auf bei der Wahl der Nachbarn.
- Die Beseitigung der Leiche ist wiederum nur eine Ordnungswidrigkeit, die nach dem jeweils gültigen Bestattungsgesetz des Bundeslandes geahndet wird.

Nun aber genug der morbiden Gedanken, wenn es ums Vertuschen geht.

Apropos düstere Gedanken und Galgenhumor. Eine der liebsten Beschäftigungen deutscher Rentner ist Bingo; ein Gesellschaftsspiel, das als Voraussetzungen bestehenden Pulsschlag, einfache Zahlenkenntnisse und ausreichend Sitzfleisch hat. Dieses Spielprinzip wurde 1993 vom amerikanischen Wissenschaftler Tom Davis auf Meetings und Reden übertragen – die Entstehung von Bullshit-Bingo. Schreiben Sie Schlagwörter und Floskeln in die einzelnen Kästchen statt der Zahlen und kreuzen Sie diese bei Erwähnung aus. Haben Sie fünf Kreuze in einer Spalte, Zeile oder in der Diagonalen, dann stehen Sie auf und rufen laut »Bingo«. Die Insider dieses Spiels feiern Sie und Ihr Chef feuert Sie.

Damit Sie bei Ankündigungen, Ausreden und Versäumnissen den Anstrich mit Farbe besser identifizieren können, habe ich da mal etwas vorbereitet: eine Vorlage für zukünftige Meetings auf mein Thema gemünzt, und ich erlaube Ihnen, diese als Kopiervorlage zu nutzen. Ich habe Sie gewarnt, doch ist es den Spaß garantiert wert.

BULLSHIT-BINGO				
Wer war eigentlich dafür verant-wortlich?	In meiner alten Firma ...	... die andere Abteilung ...	Lassen Sie uns ganz neu denken!	So geht das nicht weiter!
Ich habe gleich gesagt ...	Eine Studie sagt ...	Normaler-weise wäre ...	Das war nicht vorauszu-sehen!	... viel zu wenig Budget ...
... viel zu wenig Zeit ...	Wenn die Geschäfts-führung uns nicht ...	Mit DEN Ressourcen war das nicht zu schaffen!	... beim letzten Projekt ...	Lassen Sie uns brain-stormen!
Gestern ging's noch!	Es geht doch um was ganz anderes!	Ich verstehe das nicht!	Eigentlich hätten die ...	Der Markt zeigt, dass ...
Auf dem Dashboard war nichts zu sehen!	Pfffff ...	Fokussieren wir auf ...	Wäre ich ver-antwortlich gewesen, dann ...	Machen wir mal eine Pause!

Jetzt endlich kommen diejenigen zum Zuge, die seit einigen Seiten mit den Hufen scharren und den Rest der Konfliktformel erklärt haben sowie weiterhin die Vorgehensweise bei der Konfliktbewäl-tigung kennenlernen möchten.

Die zehn Konfliktgleichnisse

Im Folgenden seziere ich politische, wirtschaftliche und gesellschaftliche Ereignisse und zeige auf, wie sich diese mit der neuen Konfliktsystematik beschreiben lassen. Ich maße mir nicht an, exakte Lösungsvorschläge dazu zu geben, da der Prophet im eigenen Lande sowieso nichts gilt. Dieser scherzhafte Seitenhieb nimmt mich elegant aus der Verantwortung, was ich allerdings nicht vorrangig anstrebe.

Konflikte sind steuerbar. Das wissen Sie jetzt. Und dieses Steuern kann man trainieren. Wie einen Muskel: Durch Beanspruchung wird es geübt, verbessert sich durch das Training, läuft geschmeidiger und verleiht uns Souveränität. In den Kung-Fu-Filmen meiner Jugend waren die Meister kleinere, unscheinbar wirkende ältere Herren, getarnt mit einer einfachen Tätigkeit, weise und bescheiden. Im entscheidenden Moment ließen sie ihre Fähigkeiten aufblitzen, natürlich immer zum Wohl der Schwächeren. Der Ausgangspunkt der Story: vom Schwächling zum Helden, vorzugsweise mit Vokuhila, der Kultfrisur vom Fußballer Mike Werner. Wer hat noch sein altes Paninialbum?

Unter einem Konfliktmikroskop vergrößere ich in den folgenden Beispielen die Bestandteile und verdeutliche unmittelbare Wirkzusammenhänge. So tritt das Wesen des Konflikts stärker hervor und es entsteht ein Verständnis, weshalb Menschen miteinander konfliktieren. Natürlich ist mein Wunsch, aus diesem tiefen Verständnis der Situation, dass Mitwirkende und Handelnde die herausgepulten Aspekte in ihre Meinungsbildung einbeziehen und somit sinnvolle Entscheidungen treffen mit Blick auf ihre Mitmenschen und das Gemeinwohl.

»konfliktie-
ren« – neues
Verb er-
schaffen

Wirtschaftsfachleute, Soziologen, Politologen, Volkswirtschaftler und andere Koryphäen werden Unzulänglichkeiten in meiner Darstellung der einzelnen Fälle finden und somit die eine oder andere Geschichte möglicherweise zerpflücken.

Das ist mir egal!

Mit diesen Beispielen will ich das Verständnis für die Komplexität von Konflikten fördern. Gleichzeitig werden auf eindrückliche Art und Weise die einzelnen Bausteine meiner Konfliktsystematik untermauert.

Der Streifzug durch das Leben beginnt mit der sachlichen Darstellung der einzelnen Situationen und veröffentlichten Fakten. Anschließend werden die Meinungsvielfalt und Sichtweisen der beteiligten »Blöcke« vorgestellt. Die erste Frage stellt sich mit: »Handelt es sich um Panne, Problem oder Konflikt?«, und ist die Antwort »Konflikt«, kann sich die Spekulation anschließen, welche Emotionen im Spiel sind. Jetzt wird überlegt, ob dem Konflikt mit »Debatte, Spiel oder Kampf« entgegengetreten wird. Nach dieser Entscheidung werden einzelne Terme der Konfliktformel herausgepickt und ventiliert, und es wird katalysatorisch beschrieben, was die besondere Würze eines Ereignisses ausmachen könnte. Zum Schluss gibt es – abweichend zu meiner Einleitung – Handlungsoptionen zur Steuerung, die getrost als Besserwisserei abgetan werden können, da die geschilderten Ereignisse alle in der Vergangenheit liegen. In diesem Falle teile ich noch nicht den Pessimismus meines Vaters, dass Menschen aus der Geschichte nichts lernen. Ich hege noch den fragilen Wunsch, dass aus der Betrachtung der Vergangenheit und den Zielen der Zukunft die Schnittstelle »Gegenwart« wesentlich beeinflusst werden kann.

Gegenwart nur als dynamische Schnittstelle betrachten

Ich erkläre ausdrücklich, dass meine Darstellung einzelner Situationen keinen Menschen in seiner Weltansicht angreifen, bewerten oder verurteilen will. Das schließt im Großen die unterschiedlichen Völker und Kontinente ein, bricht sich im Kleineren bis zum

Gendergedanken und Allgemeinen Gleichbehandlungsgesetz (AGG) herunter.

Schleichen wir uns also zärtlich an die folgenden Beispiele und die damit verbundenen Botschaften heran. Denken Sie dabei an meinen Vorschlag, Beispiele, die nicht Ihrem Orbit entsprechen, zu überblättern. Es ist für jedes, jeden und jede etwas dabei.

1. Der Streit von Jürgen von der Lippe mit Peter Maffay
2. Der Fall Nokia
3. Ein schwuler Schützenkönig
4. Der CSU-Parteitag 2015
5. Vegetarier, Frutarier und die Steinzeitdiät
6. Religiös-kulturelle Konfliktszenarien
7. Rauchen
8. Tierversuche
9. Doping
10. Tutti Frutti im Dschungelcamp

1. Der Streit von Jürgen von der Lippe mit Peter Maffay

Starten wir mit einem vermeintlich lustigen Beispiel. In den 1990er-Jahren parodierte Jürgen von der Lippe mehrere deutsche Sänger, unter anderem auch Helge Schneider, den er über Peter Maffay sagen ließ: »*Peter Maffay kommt aus Muränien, er ist Muräne ...*« Es war als lustiges Wortspiel gemeint, entzündete jedoch einen jahrelangen Streit zwischen den beiden Künstlern, der zur absoluten Funkstille führte. Wesentlich für dieses Hochschaukeln war eine Äußerung von Peter Maffay, die in einem Interview der Berliner Zeitung 1996 folgendermaßen wiedergegeben wurde: »Ich stehe auf dem Standpunkt, dass ein Mann wie Jürgen von der Lippe wissen muss, dass solche Sprüche heute nicht mehr angebracht sind. Als Nächstes macht man dann irgendwelche Schwu-

der mit den bunten Hawaii-hemden

len-Witze und irgendwelche Frauen-Witze, und vielleicht malen wir irgendwann wieder Judensterne an Häuserwände.« Damit rückte er Jürgen von der Lippe in die Nähe des rechten politischen Spektrums, was dieser vehement bestritt: »Das ist natürlich heillos überzogen. Was soll's: Maffay ist einer der großen Stars, die wir haben, und ich habe immer wieder betont, dass ich Fan bin. Wenn ihm also ein Furz quersitzt, sage ich: Die Zeit heilt alle Wunden.« Über den aktuellen Wundzustand ist im Netz nichts zu finden.

a) Was ist passiert? Panne, Problem oder Konflikt?

Es prallten hier zwei Meinungen aufeinander über das, was Comedy machen kann und darf, wo die Grenzen des guten Geschmacks oder der Moral anzusiedeln sind. Zum einen wird, als direkter Stein des Anstoßes, aus Rumänien Muränien und damit wohl ein ganzes Volk verunglimpft. Vielleicht hängt die Irritation mit der gewählten Fischspezies zusammen, der Familie der aalartigen Raubfische, deren Image fragwürdig-unheimlich scheint. Dazu kommt die Tatsache, dass ein rundlicher Hawaiihemdträger sich schon häufiger über die Körpergröße des Rockers lustig gemacht und seine spezielle Stimmfärbung und Ausdrucksform auf die Schippe genommen hat. Das ist ein waschechter Konflikt. Mit enormer Emotionsbeteiligung.

Geschmacklosigkeiten sind eine Quelle von Konflikten, genauso wie verunglückte Ironie und Sarkasmus.

Der Konflikt erreichte zunächst die Ebenen der Völkerverständigung, des Umgangs mit anderen Kulturen, die persönliche Empfindlichkeit wegen individueller Eigenarten und deren Zurschaustellung im übertriebenen Sinne. Den heftigen Schlussstein in dieser Auseinandersetzung setzte dann Maffay mit der vermuteten Parallele zum Holocaust. Der Versuch von der Lippes, die Leichtigkeit wiederherzustellen, den Dampf abzulassen, verpufft dann im wahrsten Sinne des Wortes mit der Bemerkung über die Verdauungsgase.

Diese Auseinandersetzung stellt also nicht nur ein Problem dar, das auf sachlicher Basis zu lösen ist. Über die beteiligten Emotionen können Sie als Leser spekulieren, woran ich mich als Autor nicht direkt beteilige. Mir kommen da so Vokabeln wie Stolz, Ehrgefühl und Tradition in den Sinn. Und wenn dann noch einer auf vermeintlichen Unzulänglichkeiten herumhämmert, poppt die ganze Variationsbreite von Kränkungen auf.

b) Debatte, Spiel oder Kampf?

Was vermeintlich als Spiel gestartet war, eskalierte mangels Spielregeln in einen Kampf, bei dem der Boden der Unterhaltungsbranche aus dem Blick geriet. Ist es aber nicht genau das, was wir Zuschauer als Unterhaltung verstehen? Scheinbare Kleinigkeiten, die durch spontane Äußerungen auf ein falsches Gleis geraten, sodass eine Eigendynamik entwickelt wird und damit ein Zusammenprall unausweichlich ist.

Comedian Mario Barth in Berlin – Weltrekord: 120.000 Zuschauer an zwei Abenden

Freunde werden die beiden oben Genannten in diesem Leben wohl nicht mehr, ein Beispiel dafür, dass bestimmte Konflikte sich nicht lösen lassen. Ich denke aber, die Schnittmenge dieser beiden Künstler ist nicht so groß, dass es zu einer permanenten Konfrontation wird.

c) Steuerungsszenarien

Wie sagt man so sprichwörtlich: »Das Tischtuch ist zerschnitten!« Dieser Brauch unserer Vorfahren symbolisiert ein Ehescheidungsritual, die sinnbildliche Auflösung der Gemeinschaft. Das ist hier passiert. Die gegenseitigen Kränkungen in aller Öffentlichkeit lassen ein gegenseitiges Überzeugen unwahrscheinlich werden. Dieser öffentliche Kampf schadet dem Image der beiden arrivierten Künstler enorm – er wirkt angesichts der ihrer Lebensleistung infantil. Die gegenseitig akzeptierte Spielregel »no comment« würde das öffentliche Interesse an dieser Petitesse sukzessive eindampfen. Einfach mal schweigen! Der Konflikt ist so nicht mehr steuerbar.

So schnell werfen wir den Säbel nicht in den Weizen – oder wie immer das Sprichwort heißt. Die letzte Chance für dieses menschlich-künstlerische Debakel ist das Szenario, einen Dritten ins Boot zu holen, der mediationisiert. Einen, der souverän und allparteilich die Begegnung moderiert. Dazu gehört am Anfang eine Gesprächsatmosphäre, die den Ausschüttungsgrad der Attackehormone minimiert und so den Kampfmodus verhindert. Dafür sind durchaus Schmeicheleien und warme, bewundernde Worte über die Künstler angebracht. Dann verlöre dieser Konfliktmaster einige Worte über die Umgangsformen und Regeln des Gesprächs – nicht mit Gitarrenkoffern schmeißen, keine Stimm- oder Gestenimitationen, auch wenn es schwerfällt, den anderen ausreden lassen und nicht auf den Konfliktmaster einprügeln. Dann schwenkt er auf die Darstellung der Dissonanz aus Sicht der Protagonisten. In unserem Fall: Von der Lippe (L) berichtet, und Maffay (M) wiederholt dann, was er verstanden hat, und zwar so lange, bis L bestätigt, dass M das verstanden hat. Darauf folgt der gleiche Satz, nur dass L und M die Plätze tauschen. Die Wiederholung des Standpunkts des anderen mit eigenen Worten besitzt einen magischen Effekt. Rhetorische Spitzfindigkeiten werden herausgefiltert und die Verbalisierung des anderen Standpunktes hat einen geradezu proxemischen Effekt. Proxemik ist das Raumverhalten von Interaktionspartnern als Teil der nonverbalen Kommunikation. Oder wie eine alte Indianerweisheit spricht: »Urteile nie über einen anderen, bevor du nicht einen Mond lang in seinen Mokassins gegangen bist«; orthopädisch nicht anzuraten, aber was soll's – ist ja für einen guten Zweck. In der nächsten Phase geht es um die jeweiligen Bedürfnisse der Gitarrenspieler. Hier wird, basierend auf der jeweiligen Emotion, das Wunschziel formuliert und ausgetauscht. In der letzten Phase des Musikdramas wird ein mündlicher Vertrag beschlossen, der Dos und Don'ts fixiert. Zum Abschluss wird natürlich ein gemeinsames Lied gesungen: Wie wär's mit »Heiwai tu hell«?

2. Der Fall Nokia

Kommen wir im nächsten Beispiel zu einem der ehemals coolsten Männerspielzeuge im Telekommunikationsbereich: einem Nokia-Handy. Kultig ist das 6310 oder der nur für die Hippsten erreichbare Nokia 9000 Communicator. Um das Jahr 1996 herum stand der Besitzer dieses Telefons auf einer Stufe mit Captain Kirk aus dem Raumschiff Enterprise, da man neben dem Telefonieren, Faxen und E-Mail-Versenden auch im Internet surfen konnte. Die damals angebotenen Inhalte waren gelinde gesagt sehr übersichtlich, boten aber alles, was man als Flottenkommandeur in der Wirtschaft angeblich so brauchte. Mir war es nur vergönnt, den futuristischen Slider Nokia 7110, das erste WAP-(leider nicht Warp-)Handy auf dem Markt, am Gürtel zu führen. Wer den Kinohit Matrix kennt, weiß, wovon ich rede, als im Jahr 2199 Trinity damit den Auserwählten anrief.

Noch 2006 beherrschten die Finnen den Smartphone-Markt mit einem Anteil von über 50 Prozent. Ein Jahr später brachte Apple das iPhone heraus und biss sich ein riesiges Stück vom Apfel, äh, Kuchen ab. 2010 verlor Nokia täglich 18 Millionen Euro an Marktwert, was dazu führte, dass 2013 die Handysparte an Microsoft verkauft wurde. Diese Allianz wird von vielen Fachleuten als Anfang des Endes bezeichnet, da Nokia sich vorher schon für Windows Phone als einziges Betriebssystem der Handys entschieden hatte. Heute kommt Nokia nur noch ganz unten bei »Ferner liefen«, wenn es um Anteile am Handymarkt geht.

Wenn durch Umsatzsteigerung die Rettung nicht möglich ist, kommt halt die Kostenschere zum Einsatz. 2008 erwischte es den Nokia-Standort Bochum-Riemke, dessen Produktionskapazitäten nach Rumänien verlagert wurden. Lange Erzählung, kurzer Sinn – diese ungünstige Publicity ließ den hellen Schein der Kultmarke arg verblassen: Aus Protest gaben viele Menschen ihr Nokia-Handy demonstrativ zurück oder zerstörten es publikumswirksam.

Ironischerweise wurde das Werk in Rumänien 2011 geschlossen.

a) Was ist passiert? Panne, Problem oder Konflikt?

Aus deutscher Sicht ist Nokia nicht nur ein Problem gewesen. Unter einem »Problem« verstehe ich Hindernisse, die überwunden werden müssen, um von Punkt A nach Punkt B zu kommen. Diese Hindernisse können eine unattraktive Produktpalette, ausgeschöpfte Marktsegmente oder hohe Produktionskosten sein. Diese Stolpersteine können mit mehr oder weniger unternehmerischem Geschick aus dem Weg geräumt werden.

Der Knackpunkt in der Diskussion Deutschlands über dieses Thema lag in den kollektiv-emotionalen Schichten der Bevölkerung. Das Ruhrgebiet hatte zu diesem Zeitpunkt einen großen Teil des Weges vom Kohlenpott zum Innovationszentrum hinter sich, Stichwort Strukturwandel. So traf es die Bevölkerung sinnbildlich mitten ins grüne Herz und wurde als Verrat empfunden, als sich Nokia Richtung Osten aufmachte. Man kann die Ruhrgebietler nicht gerade als stark zwitschernden Volksstamm bezeichnen, doch wenn die Werte Zuverlässigkeit und Stolz verletzt werden, gibt es eine klare Ansage von ihnen. Hömma, da isse dat Emotione anne Kochen. (Sorry an alle Ruhrpottler – Besseres gab das Übersetzungsprogramm nicht her!)

b) Debatte, Spiel oder Kampf?

Sehen wir uns die Fragen dieses Dreiklangs mal aus einer ungewöhnlichen Perspektive an, nämlich aus der Kundensicht [Ironiemodus aus]. Ich als Kunde bin ein Produktanhänger, wenn es das Unternehmen schafft, mich von irgendeinem Aspekt des schnurlosen Knochens zu überzeugen. Das kann Technik, Image oder ein grandioses Umfeld (Community) sein. Taucht dann ein Gerät auf, das überzeugender meinem Kundenwunsch entspricht, wechsele ich mit fliehenden SIM-Karten zum neuen Technikguru. Der Konzern mit der angebissenen Frucht hat das grandios verstanden. Früher war ich überzeugt davon, dass ich für die Nutzung der

Überalltelefoniererei die unsexy Benutzerunfreundlichkeit von Ingenieuren in Kauf nehmen musste. Dann kam der Perspektivenwechsel – Steve fragte sich, wie die Technik sein muss, damit das Gerät hip ist. Und damit meine ich nicht die Babynahrung. Das überzeugte erdrutschartig. Verpasste Chance des nordischen Herstellers.

Die Spielregeln des Marktes schlugen hier erbarmungslos zu. So wie bei Monopoly ein Grundstücksimperium einen Spieler zum Sieg führt, ist es bei der Telekommunikation der Marktanteil von benutzten Handys. Zu jedem Spiel gehört die individuelle Strategie – mutig sein oder mauern. Mir ist es beim norddeutschen Kartenspiel Doppelkopf passiert, dass ich mit einer offensiven Spielweise entweder glorreich gewonnen habe oder grandios untergegangen bin. No risk no chance! In den 1970er- und 1980er-Jahren gab es einen sogenannten Formatkrieg bei den Videokassetten. Jüngere Leser googeln bitte den Begriff erst mal. Das VHS-System war nicht unbedingt das technisch beste, sondern die Vorgehensweise, mit preisgünstigen Abspielgeräten den Markt zu überschwemmen, brachte den Durchbruch. Also nicht Daniel Düsentriebs Genialität setzte sich durch, das Gesetz der Masse entschied.

Die Kampfform im Consumermarkt wäre zum Beispiel, wenn ich es als Hersteller nicht erlauben würde, Kontaktdaten und Kalender in gängige Formate zu exportieren oder importieren. Einen Hauch dieser Kategorie spüre ich bei den Lade- und Verbindungskabeln, wo jeder Hersteller mich zwingt, beim Bruch oder Verlust seine überteuerten Kabel zu kaufen. Da vereint der USB-Standard (Universal Serial Bus) mittlerweile Völker, Kulturen und Kontinente. Auch hier ist die Kuriosität zu vermelden, dass micro-USB, mini-USB, Standard-USB, Typ-A- und -C-Stecker zum Ärgern existieren.

c) Steuerungsszenarien

$$\text{Konflikt} = \frac{(\text{Firma} + \text{Gesellschaft} + \text{Privat})}{(X \cdot (\text{Gehirn} + \text{Emotion})) \cdot ((\text{Rhetorik} + \text{Muster}) + (\text{Stimme} + \text{Körpersprache}))}$$

Also prallten allein schon im oberen Teil der Formel die Erwartungen der Gesellschaft und des Unternehmens mit unterschiedlicher Mentalität und Richtung aufeinander. Jede der in diesem Fall beteiligten »X« Gruppen hatte ihre eigenen Vorstellungen: die Arbeiter, die auf Kontinuität hofften, die Region, die nicht wieder in Schnappatmung nach der Montankrise driften wollte, die Gewerkschaften, die sich traditionell stark und als Anwalt der Betroffenen fühlten, die Politik, die Stärke und Verantwortungsgefühl zeigen wollte, andere Ballungszentren in Deutschland, denen ein ähnliches Schicksal bevorstehen könnte, und die kollektive Angst einer Bevölkerung, deren Wohlstand maßgeblich vom Export abhängt.

Immer wieder Watzlawick – »mehr desselben«

Bei Mustern liegt mein Augenmerk in Richtung Nokia auf dem Phänomen, in Krisensituationen auf Bewährtes zurückzugreifen – die berufliche Vergangenheit des CEO mit Microsoft kann dessen Entscheidung in Fragen des Betriebssystems erklärbar machen.

Eine Äußerung des damaligen CEO Kallasvuo zum Rückzug lautete angeblich: »Eigentlich wären wir lieber dort (in Bochum) geblieben, wenn es irgendwie möglich gewesen wäre.« Die Wirkung sogenannter Unworte habe ich schon an früherer Stelle angerissen; im Zitat fallen die Worte »eigentlich« und »irgendwie möglich gewesen wäre« in diese Kategorie und kitzeln die unbewusste emotionale Seite der Zuhörer, es hört sich vage und verzweifelt an. Gott sei Dank waren die Handys nie so weich wie die Rhetorik. Genützt hat es nichts!

Ich weiß gar nicht, ob wir das in unserer Firma haben?

Ich bin immer wieder erstaunt, dass Firmen in Krisensituationen anscheinend keinen Kommunikationsplan in der Schublade haben. »Das trifft nach meiner Kenntnis ... ist das sofort ... unverzüglich«, stammelte schon Günter Schabowski mit geschichtsträchtigen Folgen. Reden ist Silber, Schweigen Gold und Gutaussehen Platin.

Einfach mal Klappe halten!

Konzernen dieser Größenordnung Ratschläge zu geben ist nur etwas für ganz Mutige oder absolut Unbedarfte. Einen kleinen Gedankensmoothie werfe ich dennoch ein. Für welchen Wert steht Nokia und wie zeigt sich dieser in der Präsentation der Produkte und im Umgang der Menschen miteinander? Der emotionale Wert der Marke und die Verwurzelung in den Bevölkerungsschichten sind meiner Meinung nach ungünstig eingeschätzt worden. Wir Menschen übertragen den Umgang des Arbeitgebers mit seinen Mitarbeitern auf seine Sicht auf uns als Kunden. Menschlich schlechte Produktionsbedingungen in Asien bedeuten Imageverluste für das Unternehmen in Europa. Tief in unserer Seele wissen wir schon, dass ein Erwachsenen-T-Shirt für 1,99 € auf seinem langen Weg aus Indien nicht das Prädikat Menschenwürde verdienen kann.

In meiner Erinnerung wurden die Unternehmensentscheidungen nicht in der Sprache der Menschen kommuniziert und somit keine Solidargemeinschaft geschaffen, die die Probleme hätte gemeinsam lösen können. Dieser mangelnde Perspektivenwechsel zeigt sich auch in der unternehmerischen Fehlentscheidung, das Produkt nicht an den Bedürfnissen der Kunden auszurichten und Megatrends wie Wischbildschirme einzubauen.

3. Ein schwuler Schützenkönig

Die deutschen Schützenbruderschaften mussten 2014 schon eine geballte Ladung von Schwarzpulver schlucken. Mithat Gedik wollte im westfälischen Ort Sönnern Schützenkönig sein. Als Muslim schoss er den Vogel ab und sollte nun selber Federn lassen. Dem Bund der historischen deutschen Schützenbruderschaften (BHDS) war seine Krönung ein Dorn im Auge, weil er kein Christ ist.

Dieser harte, spitze Teil einer Pflanze verdichtete sich für den Verband zu einem Gestrüpp. 2015 uferte die Diskussion darüber, wer überhaupt Schützenkönig sein dürfe und welche Voraussetzungen er – außer gut schießen können – noch mitbringen müsse, aus, als es um die Frage ging: Darf ein schwuler Schützenkönig seinen Mann als Prinzgemahl inthronisieren? Bisher wurde diese Spezies von Königen geduldet, wenn sie eine Alibikönigin wählte. 2015 testete ein homosexuelles Schützenpaar des Vereins Friedrichs-städter Reserve in Düsseldorf die Toleranz des Verbandes. »Es entspricht nicht der Tradition, dass ein Königspaar aus Männlein und Männlein oder Weiblein und Weiblein besteht«, sagte Rolf Nieborg, Sprecher des BHDS.

a) Was ist passiert? Panne, Problem oder Konflikt?

Der Aspekt, auf den es mir mit diesem Beispiel ankommt, ist die Kraft der Weiterentwicklung einer bisherigen gesellschaftlichen Sichtweise; also die konstruktive Kraft von Konflikten. Denn ein Konflikt war das auf jeden Fall. Hier prallten die Bewahrer von tradiertem Brauchtum und Freigeister der individuellen Selbstbestimmung mit ihren Einstellungen aufeinander. Wertesysteme und Überzeugungen rangen um die einzig wahre Sichtweise der Welt, bisher keinen Kompromiss oder ein Nebeneinander zulassend. Bei diesen Emotionen steigt dann schon mal Pulverdampf auf.

b) Debatte, Spiel oder Kampf?

Es mag als Debatte begonnen haben – doch die Fronten derer, die sich der Tradition des BHDS verpflichtet fühlten, und derer, die fortschrittlicher dachten, waren verhärtet. Für einige der Beteiligten war es äußerst schmerzhaft, ein Bestandteil dieses Prozesses zu sein. In den gesellschaftlichen Rahmen herausgezoomt, sind durch die Auseinandersetzung ein neues Verständnis und eine neue Auslegung unseres Wertesystems entstanden. In den kommenden Jahren wird solch ein Vorfall nur eine Randnotiz in den Zeitungen sein. Nennen Sie es Evolution durch Revolution!

*panta rhei –
altgriechisch
»alles fließt«*

c) Steuerungsszenarien

Da sticht sofort der Begriff »Werte« ins Auge, so wie der Schlagbolzen auf die Patronenhülse trifft, wobei das Zündmittel zur Explosion kommt; ein prägnantes Beispiel für die gesellschaftsverändernde Kraft von Konflikten. Die Diskussion über dieses Thema hat unter den Schlagwörtern »Tradition und Toleranz« das Miteinander verändert. Ein Gedanke zu Wertegemeinschaften: Die können nur langfristig bestehen, wenn die Werte konsequent in allen Bereichen des Zusammenlebens durchgesetzt werden. Nehme ich aus Nachbarschaftsfreundlichkeit einen Fleischesser in einen Vegetarierklub auf, kann es passieren, dass beim nächsten Grillfest auch tierische Zellverbünde auf dem Rost landen – konsequent von Anfang an. In diesem Beispiel wird deutlich, dass Ideen für die Zukunft auch immer ein Risiko bergen: Shits happens und wieder mal »No risk no fun«!

Bei diesem Thema möchte ich Ihr Zielauge gern auf den Musterbegriff in der Formel lenken. Bei Schützenvereinen gibt es genauso Dienstgrade wie beim Militär: vom Schützen über den Feldwebel bis zum Oberst und General. Bei der Feuerwehr sind es zum Beispiel Abstufungen wie Brandmeister oder Brandrat oder Branddirektor. Ein fundamentaler Baustein dieser Vereinigungen ist die Akzeptanz von Hierarchien. Auch Zeiträume spielen eine große Rolle – je länger ich dabei bin, umso höher steige ich auf. (Bevor ich in meinem Heimatort geteert und gefedert bei der nächsten Löschübung als Ziel benutzt werde – natürlich hängt es auch mit dem Engagement und dem Fachwissen zusammen!)

Dieses Muster von Befehl und Gehorsam hat sich schon früh in unserer Gehirnrinde eingeprägt und vermittelt ein hohes Maß an Sicherheit. Ich bin froh darüber, dass es eine klare Befehlskette bei der Feuerwehr gibt, wenn mein Haus brennt. Es würde mich sichtlich irritieren, wenn in Anwesenheit lodernder Flammen in meinem Hausstand in einem Stuhlkreis offen darüber diskutiert werden würde, wie das Feuer zu löschen sei, und ein Feuerwehrmann äußern würde: »Ich habe das noch nie gemacht, aber heute bin ich mal dran mit dem C-Mehrzweckstrahlrohr!«

Diese starke Zielorientierung fördert nicht unbedingt die Diskussionsfreudigkeit, den Austausch auf Augenhöhe und den lebendigen Wandel dieser Systeme. Um noch mal einen Wasserschild für die Bewahrer von Strukturen aufzubauen: Für die Entwicklung einer Gesellschaft sind sowohl ungestüme Regelbrecher als auch die Hüter des Feuers (welch anmutige Analogie beim Thema Feuerwehr) die tragenden Säulen.

»Wasser marsch« oder »Gut Schuss« und weiterhin »Horrido«!

4. Der CSU-Parteitag 2015

Als legendär zu bezeichnen ist der Auftritt des damaligen Parteivorsitzenden der CSU Seehofer und von Kanzlerin Angela Merkel bei der Eröffnung des Parteitages.

Nach Frau Merkels Rede auf dem Parteitag antwortete der Vorsitzende direkt darauf mit einem persönlichen Angriff, während Frau Merkel neben ihm stand. Sie war so verdattert, dass sie ihre Merkel-Raute irgendwann aufgab und sich selber schutzsuchend umarmte. Beim Betrachten des Videos auf dem Phoenix-Kanal (googeln mit »CSU-Parteitag: Rede von Horst Seehofer am 20.11.2015«, Stand Januar 2018) fühlte ich mich an meine Schulzeit erinnert, als ich im Erdkundeunterricht an die Karte gerufen wurde, um dann vor allen anderen direkt mit der Ahnungslosigkeit über die Lage deutscher Flüsse und Gebirge in den Boden gerammt zu werden.

Der Spiegel betitelte diesen Affront mit dem Wortspiel »Abkanzeln der Kanzlerin«.

Das sind Momente, in denen eine Erdspalte zum Versinken nützlich wäre.

a) Was ist passiert? Panne, Problem oder Konflikt?

Bei der Beurteilung dieser Frage kommt es auf den jeweiligen Blickwinkel an. Herr Seehofer würde wahrscheinlich diese Rede nicht als Panne bezeichnen, sondern als freundliche Begrüßung seiner Parteischwester. Frau Merkel machte auf mich den Eindruck, dass sie gern von Punkt A, der Bühne, zu Punkt B, ihrem Sitzplatz, gelangen würde. Da hat sie ein Problem, das angereichert wird durch die augenscheinliche Hilflosigkeit und das offensichtliche Unwohlsein während der warmen bis brühheißen Worte ihres christlichen Parteipartners. Als Zuschauer benötigt man schon einen kurzen Moment, um die verschiedenen Puzzleteile dieser Vorstellung zu einem Bild zusammenzufügen; irgendwie verrutscht immer wieder ein Teil. Je nach der persönlichen politischen Einstellung pendelt das Emotionsthermometer zwischen Häme und Mitleid.

b) Debatte, Spiel oder Kampf?

Das Verhalten des Alpenmonarchen interpretiere ich als ein Kampfgebaren im Schafspelz. Die Höflichkeitsspielregeln der Rede und freundlichen Gegenrede werden im ersten Eindruck gewahrt. Mit zunehmendem Verlauf der Rede wird der Ton schärfer, und es werden verschiedene Themengebiete gestreift, zu denen die Kanzlerin aufgrund des fehlenden Mikros keine Möglichkeit einer Replik hat. Bei mir taucht das Bild eines Messerwerfers auf, der die Silhouette seiner Bühnenpartnerin mit einzelnen Schneidwerkzeugen umreißt, während sie vollkommen regungslos dastehen muss, um zu überleben.

Ich beteilige mich nicht an Spekulationen, ob dies von Herrn Seehofer beabsichtigt war, denn dann müsste ich ihm unterstellen, dass er die Bundeskanzlerin demütigen wollte. Ungeschickt war es auf jeden Fall und hat selbst eingefleischten Merkel-Gegnern die Aussage abgerungen, dass dies schlechter politischer Stil sei.

c) Steuerungsszenarien

Der besondere Fokus liegt hier auf der Proxemik, der Positionierung im Raum. Von Natur aus schon größer, sich am Pult festhaltend mit den Insignien der Macht auf der Bühne, dem Mikrofon, lässt Herr Seehofer Frau Merkel 13 Minuten lang schutzlos rumstehen, vollkommen offen gegenüber seiner süffisanten Abrechnung mit ihrer Rede. Die einzigen Rückzugsmöglichkeiten, die sie hat, sind Selfhugging und gute Miene zum bösen Spiel.

Im Improvisationstheater bezeichnet der Status das Machtgefälle zwischen zwei Bühnenfiguren. In dem Standardwerk »Theater und Improvisation« dieser Branche schreibt Keith Johnstone, dass Status sich in dem zeigt, was man tut, der soziale Status ist dabei nicht relevant.

Also kann ich selber was an meinem status machen?!

Setzen Sie eine Person in die Mitte des Raumes auf einen Stuhl, und bitten Sie sie, in den zwei folgenden kleinen Spielszenen einfach still und leise dazusitzen, auch nicht in irgendeiner Form zu reagieren. Treten Sie nun hinter diese Person, legen beide Hände auf deren Schultern, beugen sich leicht über eine Schulter und sagen mit süffisantem Unterton: »Dieses Ergebnis hätte ich von Ihnen nicht erwartet!« In der zweiten Szene knien Sie sich vor diese Person, ähnlich wie es ein Ritter Lanzelot vor seinem König Artus täte, klopfen sich mit Ihrer Waffenhand an die Brust und sagen mit gesenktem Kopf: »Sire, wie lautet Ihr Befehl?« Die Beschreibung dieser Szene ist eine Steigerung des Begriffs der Statuszuordnung. Durch mein eigenes Verhalten bekommt die sitzende Person einen unterschiedlichen Status – einerseits das bedauernswerte Mitleid für eine Minderleistung, andererseits ein Machtgefühl durch grenzenlose Unterwerfung und Loyalität. Das Auftreten des einen trägt den Status des anderen in sich. Das politische Abhängigkeitsverhältnis ist ein prägnantes Beispiel für den Klassiker – zwei Alphatiere prallen aufeinander und können trotzdem nicht ohne den anderen. In den 1970er-Jahren gab es ein Magnet-Kinderspielzeug – die kämpfenden Ziegenböcke. Horn an Horn kamen sie sich nicht näher, hintereinandergestellt schlug der vordere bei Annäherung einen Purzelbaum. Der intrapersonelle Konflikt mit dem eigenen Omnipotenzanspruch ist bei gemeinsamen Auftritten im Griff zu haben. Diese Impulszügelung misslingt manchmal und mündet in skurrile Situationen. Gerade in dieser inneren Zerrissenheit zeigt sich die Professionalität von öffentlichen Personen. Die Wortwahl, Körpersprache, Kameratauglichkeit und räumliche Gestaltung (Proxemik) sind Handwerk – dat kannste üben, dat mut du üben! Die Souveränität, die Selbst-Sicherheit, hat in entscheidendem Maße mit dem eigenen Bewusstsein über die eigene Wirkung zu tun. Und aus der Wirkung ergibt sich die Wirksamkeit. Das erwarten wir von Politikern. Ich finde, dass wir das zu Recht erwarten können, denn Politiker sind Repräsentanten unseres Volkes.

Ich untermauere also mit meinem Verhalten den Status anderer – Respektlosigkeit = Statuslosigkeit.

5. Vegetarier, Frutarier und die Steinzeitdiät

Was ist der Unterschied zwischen einem Veganer und einem iPhone-Besitzer? Es gibt keinen, da beide ungefragt davon erzählen. Sich bewusst zu ernähren, gehört zu den Energiequellen der heutigen Menschen. Wenn dies noch gepaart ist mit dem Anspruch auf Nachhaltigkeit – »Wir haben die Welt von unseren Kindern nur gepachtet!« –, ist man ganz weit vorne in der Szene:

- Vegetarismus – die fleischfreie Ernährungsform
- Veganismus – die tierfreie Ernährungsform
- Flexitarismus – ab und zu mal verzichten

- Clean Eating – die Ernährungsform ohne Industriewaren
- Rohkost – die Ernährungsform ohne Kochen
- Frutarismus – essen, ohne die Pflanze zu schädigen
- Slow Food – genießen mit Verantwortung

Wer es noch ein bisschen hipper haben will, dem biete ich:

- Blutgruppen-Diät
- Dukan-Diät
- Glykämischer-Index-(GI)-Diäten
- Low-Carb-Diäten (Atkins-Diät, Forever-young-Ernährungs-programm, Lutz-Diät)
- Kombinierte GI- und Low-Carb-Diäten (LOGI-Methode, South-Beach-Diät)
- Metabolic Balance
- Schlank im Schlaf (Insulin-Trennkost)
- Sears-Diät (Zone-Diet)
- Steinzeitdiät (Paleo-Diet)

Die weltanschaulich orientierte Aufzählung von Kostformen erspare ich uns mangels vorhandener Zeilenanzahl.

a) Was ist passiert? Panne, Problem oder Konflikt?

Wo diese vielfältigen Ernährungsphilosophien aufeinanderprallen, entstehen tagtäglich Konflikte, die meistens aus dem Gefühl des Alleinvertretungsanspruchs herrühren. Neulich wurde ich im Supermarkt Zeuge, als eine erboste Kundin die Marktleiterin herbeizitierte, um sich zu beschweren, dass kein Fonduekäse mit mikrobiellem Lab im Angebot sei. Es entspann sich eine heftige Diskussion zwischen der Marktleitung, der Kundin und den umstehenden Pflanzo- und Fleischosauriern, die in wüsten Beschimpfungen und Beleidigungen endete.

b) Debatte, Spiel oder Kampf?

All diese Ernährungsformen besitzen ein gemeinsames Merkmal – jeder Anhänger schwört nur auf seine Methode. Die Konfliktkategorie »Überzeugen« können Sie hier getrost in die Pfanne hauen, verwelken lassen oder erst nach 18 Uhr zu sich nehmen. Es gäbe mehr Frieden am Esszimmertisch, wenn jeder auf die Frage »Kann ich dich überzeugen?« mit einem klaren »Nein« antworten und so seine Energie für den jeweiligen Verdauungsaufwand sparen würde. Die einzige Chance eines gemeinsamen Mahles wäre mit der Spielregel »Jeder isst, so viel er kann, nur nicht seinen Nebenmann!« zu vereinbaren. So ist die Gefahr eines Kampfes gebannt, solange sich scharfe Trennwerkzeuge in den Händen befinden, natürlich außer in denen der Frutarier.

Schalten sich jetzt noch Ökotrophologen und Ernährungswissenschaftler in die Diskussion ein und setzen die zehn Prinzipien der Deutschen Gesellschaft für Ernährung (DGE) e.V. auf den Speise-, äh, Redeplan, dann merken Sie, welcher Biss, äh Riss durch unsere Gesellschaft geht. Dann reden wir vom Ernährungs-Monotheismus, der Lehre, die nur einen einzigen, allumfassenden Gott oder nur eine Sichtweise anerkennt.

Selbst bei tierliebenden Individuen kommt bei diesem Thema die Kategorie Kampf auf den Teller. Da werden Gesetze übertreten: zum Beispiel Einbruch und Freilassen von Tieren, drastische Proteste bei gesellschaftlichen Veranstaltungen und wutschnaubende Attacken in der persönlichen Auseinandersetzung. Was mich daran irritiert, ist die propagierte Gewaltfreiheit, die dann unterschiedlich ausgelegt wird: Gewaltfreiheit gegen Tiere wird gefordert, und legitimierte Gewaltausübung gegen Menschen ist tolerabel. Die Werte im Zähler der Konfliktformel werden durch das persönliche Verhalten im Nenner ad absurdum geführt.

Hier keimt der Wunsch in mir auf, dass es eine friedliche Koexistenz der Ernährungssichtweisen geben möge. Im Plattdeutschen sagt man dazu »Wat de Buur nich kennt, dat frett he nich!« – Was der Bauer nicht kennt, das frisst er nicht!

An diesem Beispiel lassen sich also sehr treffend die drei Konfliktkategorien und deren fließende Übergänge veranschaulichen. Jeder von uns hat das im Familien- oder Freundeskreis schon erlebt: das Abgleiten von gemütlichen Grillabenden in inhaltsschwere Diskussionen, die wie eine Spiritusinjektion in die heiße Holzkohlenglut den Abend in hellen Flammen aufgehen ließen.

c) Steuerungsszenarien

Hier wende ich mal zur Erläuterung die Kopfstandmethode an. Diese Kreativitätstechnik bringt erstaunliche Ergebnisse. Fragen Sie in einem Unternehmen »Was können wir tun, um mehr Kunden zu bekommen?«, füllen viele Plattitüden und mögliche Verdächtige die Pinnwand. Fragen Sie allerdings »Was müssen wir tun, um unsere Kunden zu verärgern?«, kommen Sie mit dem Schreiben nicht so schnell hinterher, wie die Begriffe purzeln. Daraus die gegenteilige Vorgehensweise abgeleitet, füllt sich auch die Pinnwand mit der ersten Frage. Menschen neigen zum Lästermodus.

Nun die Liste mit Vorschlägen, wie Sie die Eskalation in ein Massaker treiben können. (Denken Sie bitte daran, bevor Sie ins Handeln kommen und die 180°-Wendung dieser Methode nutzen: Das Gegenteil ist der geeignete Weg!)

- Propagieren Sie Ihre Sichtweise mit unverwechselbarem Allmachtsanspruch.
- Lassen Sie hämische und abwertende Bemerkungen über die anderen Ernährungsformen so oft wie möglich fallen.
- Unterstützen Sie Ihre Worte durch wahlweise schneidigen oder süffisanten Tonfall.
- Nutzen Sie separate Tafeln oder klar abgrenzende Tischarrangements für die unterschiedlichen Nahrungsaufnahmen.

- Erzeugen Sie durch die übertriebene Darreichungsform der Speisen bei allen anderen ein Ekelgefühl.
- Verdeutlichen Sie immer wieder, dass die gewählte Zufuhr von Lebensmitteln etwas über den Charakter und die Wertigkeit der Individuen aussagt.
- …

Vielleicht ahnen Sie es – wenn man / frau erst mal in diesem Modus anfängt, stellt sich eine Eigendynamik wie beim großen Schwungrad ein. Wenn's läuft, läuft's!

Ist Ihnen mal aufgefallen, dass für Nicht-Fleischesser immer etwas separat mit gegrillt wird, bei einer fleischlosen Party jedoch der Neandertalertypus sich mit reiner Zellulosekost zufriedengeben muss? Toleranz ist die Achtung und Duldung gegenüber anderen Auffassungen, Meinungen und Einstellungen.

6. Religiös-kulturelle Konfliktszenarien

Vor Kurzem berichtete mir eine Freundin aus Hamburg, dass die ihr vertrauten Höflichkeitsregeln unseres Kulturkreises beim Betreten der U-Bahn-Waggons immer seltener angewendet würden. Ihr falle das gerade bei Menschen mit Migrationshintergrund auf. Es hat natürlich etwas mit der jeweiligen Sichtweise der Kultur auf die Frauen zu tun. Trotz Gleichberechtigung gilt es bei uns als charmant und höflich, einer Dame in den Mantel zu helfen, ihr den Vortritt zu lassen bzw. beim Betreten eines Restaurants vorauszugehen, um den Weg frei von Trunkenbolden zu räumen. Freiherr von Knigge lässt grüßen! Solches Verhalten gilt immer noch als stilvoll und ein Zeichen guter Erziehung.

Fällt Anita als Frau auch besonders auf

Die Stellung der Frau in der arabischen Welt wird seit 2011 von der britischen Thomson-Reuters-Stiftung alljährlich untersucht. Es gibt über auf uns kurios wirkende Tatsachen zu berichten, etwa

Im »Gender Gap Index« bewertet das Genfer Welt- wirtschafts- forum die Fortschritte bei der Gleich- stellung von Frauen.

Nicht wahr, oder? Wo wir uns doch rühmen, so ein fort- schrittliches, modernes Land zu sein.

dass Frauen in Saudi-Arabien bislang kein Auto fahren durften. Für unser Wertesystem weitaus schockierender sind die Nachrichten über sexuelle Übergriffe, Genitalverstümmelungen und alltägliche Gewalt gegen Frauen. Der dort herrschende Rechtsstatus weicht ebenfalls stark von unseren Normen ab.

Bei einem Urteil über diesen Anachronismus dürfen wir bitte nicht vergessen, dass erst 1977, in Worten neunzehnhundertsiebenundsiebzig, das Gesetz in Deutschland geändert wurde, dem zufolge der Ehemann seiner Gattin erst erlaubte, arbeiten zu gehen. Bis 1958 hatte der Mann das alleinige Bestimmungsrecht über Frau und Kinder. Er verwaltete den Lohn seiner Frau und konnte nach eigenem Gutdünken deren Arbeitsvertrag kündigen.

Oder nehmen wir einige Beispiele aus dem Schulalltag, die vielen Menschen nicht deutlich sind.

Eine emotionale und scharfzüngige Diskussion wurde Anfang 2016 losgetreten, als es um den Handschlag zwischen zwei Kulturen und Geschlechtern ging. Der Fall trug sich in einer Schule in Hamburg zu, als die Lehrerin ihren Schülern zur bestandenen Abiprüfung gratulieren wollte und jedem die Hand reichte. Ein muslimischer Abiturient verweigerte dies und löste damit einen Eklat aus. Einige Pädagogen sind aus Protest nicht zum Abiball erschienen, weil die Schulleiterin den jungen Mann nicht davon ausschloss.

Noch mehr Zunder war in Berlin im Spiel, als ein Imam nach einem verweigerten Handschlag seines Sohnes einer Lehrerin gegenüber die betroffene Privatschule verklagte, weil die Lehrerin dies nicht hinnehmen wollte. Die Schule hatte sich nach dem ersten Vorfall entschuldigt, die Kündigungsfristen kulant ausgelegt und das Schulgeld zurückgezahlt. Das reichte dem Vater nicht, und er nutzte offenbar das darauffolgende Gespräch als Machtspiel zwischen einem religiösen Gelehrten und dem deutschen Schulsystem, vermutlich ebenfalls, um das Machtgefälle zwischen Mann und Frau vor seinem Sohn zu demonstrieren.

Es ist mir ganz wichtig zu betonen (wie schon eingangs des Kapitels erwähnt), dass es mir nicht um die Bewertung oder Verurteilung der verschiedenen Kulturtraditionen geht. Das sind Beispiele aus unserem Alltag.

Kommen wir also wieder zu den Verkehrsmitteln in der Hafenmetropole zurück. Mit dem steigenden Kulturmix kommt es also verstärkt zu Problemen bei den Pendlern, da viele von ihnen die kulturellen Gepflogenheiten des Gastlandes schlichtweg nicht kennen.

a) Was ist passiert? Panne, Problem oder Konflikt?

Eine Emotion, die für den Zündstoff sorgt, könnte die Angst sein, die eigene kulturelle Identität zu verlieren, von den Sitten und Gebräuchen der anderen »überschwemmt« zu werden. Hier kommt eine weitere irrationale Komponente hinzu, die Konflikte, denn um nichts anderes handelt es sich hier, brisant und unberechenbar macht: Wir fürchten uns einerseits vor Überfremdung, lieben andererseits jedoch Pizza, Döner und Burger, schwärmen vom Komfort und der Sicherheit schwedischer Limousinen und erfreuen uns an den technischen Neuerungen asiatischer Kommunikationskonzerne.

Es ist eine der größten Herausforderungen unserer Zeit, den Tanz der Kulturen geschmeidig zu gestalten.

b) Debatte, Spiel oder Kampf?

Die Debatte ist hier das Mittel der Wahl. An den Beispielen wird meiner Ansicht nach deutlich, dass die bundesrepublikanische Gesellschaft mehrere Signale aussenden muss. Die Toleranz und Offenheit anderen Menschen gegenüber; damit ist gemeint, dass es keine Klassengesellschaft gibt. Und keine Benachteiligung durch

Herkunft, Religion, Geschlecht oder anderer Merkmale im Umgang miteinander. Ebenso die Bereitschaft zur größtmöglichen Anpassung, zur Akzeptanz des anderen, Neugier gegenüber Fremdem. Theoretisch jedenfalls!

Die Kunst liegt darin, alle Botschaften unzertrennlich miteinander zu verzahnen. Eins ohne das andere gibt es nicht. Alle müssen sich bewegen, damit ein friedvolles Miteinander zusammenwächst. Das funktioniert nur durch Überzeugen. Reden. Vormachen.

Let's talk about Kultur!

c) Steuerungsszenarien

Grundpfeiler eines Miteinanders ist das gegenseitige Wissen von- und übereinander. Das bezieht sich sowohl auf die rituellen Muster als auch auf die Prägung der Synapsen im Gehirn. Letztere sind natürlich auch geprägt durch die kulturellen Gegebenheiten, die zum Beispiel die Wahrnehmung und Interpretation von Geschehnissen wesentlich beeinflussen. Im Bereich der Körpersprache kann es zu Missverständnissen führen, wenn zum Beispiel der zwanglose körperliche Umgang der Geschlechter miteinander die Distanzzonen aufweicht.

Apropos Sprache. Die Sprache ist natürlich das wichtigste Medium, um sich gegenseitig zu verstehen. Ohne den verbalen Austausch ist es kaum vorstellbar, gegenseitiges Verständnis aufzubauen. Jeder Backpacker, neudeutsch für Rucksacktourist, kommt mit Freundlichkeit, rudimentären Sprachkenntnissen und Gesten um die Welt – jedoch nur als Gast, nicht als Einheimischer.

Die Bewahrung der ursprünglichen Riten ist die vertraute Brandmauer gegen das verwirrende Umfeld einer anderen Gesellschaft. Konstantes Bewahren wirkt einer drohenden Orientierungslosigkeit entgegen. Wenn ich Angst vor dem Aufgeben der eigenen

Identität habe, bin ich auf Krawall gebürstet. Warum glauben Menschen, für die Integration ihre Identität aufgeben zu müssen?

Gerade an Schulen kollidieren die Grundpfeiler der Kulturen miteinander – von der Essenszubereitung in der Mensa, dem Einfluss elterlicher Erziehung auf Lehrpläne und Methodik bis zur Vermittlung von Wertvorstellungen und der damit verbundenen Toleranz anderen Haltungen gegenüber sowie zum Rollenverständnis von Mann und Frau, Sexualität und deren unterschiedlichen Ausprägungen. Viele Lehrerinnen und Lehrer fühlen sich alleingelassen und als Einzelkämpfer, die eine klare Rückendeckung der Gesellschaft vermissen. Ich habe schon an anderen Stellen darauf hingewiesen, dass für die Weiterentwicklung der gesellschaftlichen Identität die Bildung unserer Kinder von entscheidender Bedeutung ist. Die lebendige Diskussion in diesen Konfliktbereichen ist von ausgesprochener Brisanz für die Ausrichtung unserer Gesellschaft.

7. Rauchen

Gehen wir mal in einen anderen Dunstkreis. Der Sänger und Raucher Udo Lindenberg verursacht Kosten von 90 483 Euro im deutschen Gesundheitswesen. Das ist nicht vor mich hingenuschelt, sondern Ergebnis einer Studie des Deutschen Krebsforschungszentrums aus dem Jahr 2015. Die Kosten des Tabakkonsums für die Allgemeinheit werden auf über 80 Millionen Euro pro Jahr beziffert, das sind ca. drei Prozent des Bruttoinlandsproduktes. Eine niederländische Studie aus dem Jahr 2008 kommt wiederum zu dem Ergebnis, »dass gesunde und schlanke Menschen für das Gesundheitswesen teurer sind als übergewichtige und Raucher. Die Zahlen entstehen, wenn Teilergebnisse der Kostenberechnung zusammengeführt werden, und aus der Erkenntnis, dass die Mortalität auch bei Nichtrauchern zu 100 Prozent besteht.« Danke, ihr Forscher, da wäre ich alleine nie draufgekommen!

Die Raucherquote bei Jugendlichen hat sich seit 1993 mehr als halbiert.

Ich bin mit dem Marlboro-Mann aus der Filmwerbung aufgewachsen, der mir ein Bild von Coolness im Land der unbegrenz-
ten Möglichkeiten gab. Als ich mit dem Rauchen anfing, merkte
ich schnell, dass man davon nicht automatisch auch zu reiten ver-
mag. Das, was ich in der Werbung wahrnahm, täuschte mir meine
eigene erwünschte innere Haltung vor, für die ein Glimmstängel
scheinbar der Schlüssel war. Für die ältere Generation war es das
HB-Männchen, mit dem man nicht gleich in die Luft ging – Entspannung und Souveränität durch gerollte, getrocknete Pflanzen-
blätter.

Ich erinnere mich noch dunkel, dass sonntags den Internationalen
Fernseh-Frühschoppen mit Werner Höfer Rauchschwaden durch-
zogen und vielleicht auch durchaus mal ein Gläschen Wein gekippt
wurde. Das alles geschah natürlich nur im Dienste der öffentlichen
Meinungsbildung.

Seit 2007 gilt das generelle Rauchverbot in Gaststätten. Der Auf-
schrei der Lobbyisten war riesig, natürlich angeführt von der Ziga-
rettenindustrie und auch dem Dachverband des Hotel- und Gast-
stättengewerbes, dem DEHOGA. Das befürchtete Kneipensterben
war das Reizwort. Lieber Menschen sterben lassen als Kneipen –
das wäre nicht mal mir mit meiner verbalen Spitzfindigkeit einge-
fallen. Auch hier gab es durch den gesellschaftlichen Diskurs eine
Entwicklung, die man bei klarer Luft und Durchblick als positiv
einstufen kann.

a) Was ist passiert? Panne, Problem oder Konflikt?

Das Konfliktfeld mündet in die grundsätzliche Abwägung zwischen individueller Freiheit – ich kann rauchen, was ich will – und
gesellschaftlichen Vorgaben zur Gesunderhaltung des Volkes.

b) Debatte, Spiel oder Kampf?

Hier zu überzeugen, heißt, mit klaren Spielregeln und gelegentlichen Ausflügen in den Kampfmodus ein dickes Brett zu bohren. Hier müssen wohl alle Register gezogen werden.

Da ich nur Statistiken glaube, die ich selbst gefälscht habe, bin ich der festen Überzeugung, dass die Luftreinheit ein Gewinn für unsere Gesellschaft ist. Alle Marlboro-Männer sind an chronisch obstruktiver Lungenerkrankung, auf Deutsch Raucherlunge, gestorben. Über den Horizont hinwegzureiten, ist also auch eine Form der Freiheit, allerdings ist das Ziel unbekannt.

Wo ist mein Pferd?

c) Steuerungsszenarien

Ein weiteres luftiges Beispiel dafür, wie sich gesellschaftliche Strömungen über Debatten in Spielregeln manifestieren. Die Herausforderung für den Einzelnen ist es, am Spielbrett zu bleiben, auch wenn ihm einzelne Regeln abstrus vorkommen. Das nennen Fachleute die Ambiguitätstoleranz, die Fähigkeit, mehrdeutige Situationen und widersprüchliche Handlungsweisen auszuhalten und weiter mitzuspielen. Ich wünsche mir, dass dieser Charakterzug sehr, sehr früh in den zukünftigen Mitgliedern unserer Gesellschaft verankert wird. Das wäre mal ein Muster im Bewusstsein, das absolut sinnvoll zu vertiefen ist.

Beim »Brandopfer-Darbringen« spricht man von einem Suchtpotenzial. Selbst auf der Ebene von Gehirnbausteinen, in diesem Fall mGluR5-Rezeptoren, erfolgt eine Veränderung durch Nikotin. Von daher ist es keine schlechte Angewohnheit oder ein kleines Laster, das wir uns gönnen sollten oder einfach abstreifen können. Wir alle wissen tief in unseren Lungenbläschen, dass keine einzige Zigarette ein Problem löst, uns erfolgreicher macht oder unser Paarungsverhalten positiv beeinflusst. Letztendlich bleibt die Währung, mit der wir bezahlen, unser Leben. Darum lohnt es sich schon, den Kampf mit sich selber aufzunehmen. Keine Regeln, und am Ende bleibt nur einer stehen!

8. Tierversuche

»Ohne Tierversuche hätten wir keine wissenschaftlich begründete Medizin«, so die Aussage des Neurophysiologen Wolf Singer, der immer wieder durch seine pointierten Darstellungen wissenschaftlicher Erkenntnisse für die Gesellschaft heraussticht. »Wenn ich die Würde eines Tieres für unantastbar halte, muss ich nicht nur Veganer sein, sondern auch die Segnungen der Medizin ausschlagen, die auf Tierversuchen beruhen. Ich sehe keinen anderen Weg, um konsequent zu sein.« Das sitzt!

Allein schon der Perspektivenwechsel vom Tierwohl zum Nutzen für den Menschen eröffnet eine ganz andere Diskussionsebene. Wir nutzen Tiere seit Anbeginn der Koexistenz – die Tiere, deren Haut wir zu Leder verarbeiten, aus denen unsere Schuhe hergestellt werden, haben sich nicht selber totgelacht. Dieser Bogen spannt sich bis zu der Be-Nutzung von Tieren als Seelentröster und Gefährten, den sogenannten Haustieren. Das ist keine Beziehung auf Augenhöhe, was allein schon bauartbedingt durch den Vierfußgang und die kurzen Beine deutlich wird.

Kein Diabetiker hätte eine adäquate Lebensqualität, wenn die Medikamente nicht vorher in Tierversuchen erprobt worden wären.

Das erklären Sie mal einem Gegner, der Tierversuche aus ethischen, medizinischen und methodischen Gründen ablehnt.

a) Was ist passiert? Panne, Problem oder Konflikt?

Nach diesen Einführungssätzen kommen wir notgedrungen zu der Frage, ob das Thema Tierschutz in diesem großen Spannungsfeld überhaupt konfliktarm diskutiert werden kann. Vergleichen Sie hierzu mal einen Nerz, der die Schultern einer Frau ziert, mit einer keimübertragenden Ratte, die im Untergrund lebt und deshalb getötet wird. Also lautet die Antwort auf die obige Frage – ganz klar Nein!

b) Debatte, Spiel oder Kampf?

Bei einem erneuten Blick auf die Konfliktformel wird deutlich, warum das Thema für richtig Stimmung in der Bude sorgt.

$$\text{Konflikt} = \frac{(\text{Firma} + \text{Gesellschaft} + \text{Privat})}{(X \cdot (\text{Gehirn} + \text{Emotion})) \cdot ((\text{Rhetorik} + \text{Muster}) + (\text{Stimme} + \text{Körpersprache}))}$$

Die Regeln und Wertvorstellungen in Teilen der Gesellschaft prallen hier aufeinander. Teilweise geht diese Trennlinie sogar durch einzelne Familien, auch wenn die Vorhaltungen der 14-jährigen Tierschutzaktivistin, die gegen ihre Eltern opponiert, eher als Ablösungsübung von den Eltern gesehen werden können.　*Stellvertreterdiskussion*

Die Beteiligten an der Meinungsbildung sind vielfältig: die staatlichen Institutionen, die sich um die Volksgesundheit kümmern, Unternehmen, die in diesem Themenumfeld Profit generieren, bis zu dem wütenden Autofahrer, dem gummiliebende Nagetiere den Kabelbaum im Auto zerfressen.

Der Spaß hört dann ganz auf, wenn in einem Kindergarten Ungeziefer auftaucht; dann wird schon mal die Lebendfalle gegen eine chemische Keule eingetauscht. Allein schon der Begriff »Ungeziefer« mutet skurril an. Er kommt aus dem Althochdeutschen von

»zebar« und bedeutet als »Opfertier ungeeignet«. Vielleicht ist jede tote Ratte eine Opfergabe für den Gott der Infektion. Der letzte Satz ist nicht ernst gemeint und soll nur verdeutlichen, wie schnell eine Diskussion vom Sachlichen über das Emotionale in die tieferen Schichten der Urmuster gleiten kann. Wenn sich dann noch die Emotionen von Ekel und benachbarten Gefühlsregungen in einem angewiderten Tonfall artikulieren, unterstützt durch verkniffene Mimik und Körpersprache, dann haben wir alle Zutaten für einen intensiv geführten und ergebnislosen Diskussionsabend beisammen.

Urängste-Buch: Die Spinne in der Yucca-Palme

c) Steuerungsszenarien

Bei dieser Gemengelage hat nur das staatliche Konstrukt die Chance, klare Regeln aufzustellen und für deren Einhaltung zu sorgen. Dabei billigend in Kauf nehmend, dass ein gesellschaftlicher Konsens von vornherein nicht möglich ist und im allgemeinen Chaos enden würde. Es ist nicht ausgeschlossen, dass sich im Laufe der Zeit Volkes Meinung ändern wird. Das ist definitiv dem Durchhaltevermögen der unterschiedlichen Initiativen zu verdanken. Ich habe noch keine Frau gesehen, deren Antlitz von einem toten Fuchs um den Hals optisch aufgewertet wurde; er soll anscheinend mehr vom Gesicht der Trägerin ablenken.

Die letzten Sätze vom Beispiel »Rauchen« könnten problemlos hierhin kopiert werden, da das Spannungsfeld zwischen »Was ist ein Geschöpf WERT?« und »Ich bestimme selber, was meine Kauleiste passiert« liegt.

Hier stelle ich die Hypothese auf, dass es sich bei vielen Diskussionen zu solchen Themen um Stellvertreter-Diskussionen handelt. Ich selber wasche mir seit drei Jahren Haut und Haar ausschließlich mit pflanzlicher Kernseife, das Stück für 0,49 €. Früher hatten meine Säuberungsartikel auch marokkanisches Arganöl, Cranberry-, Apfel- und Pfirsichextrakte, Repair- und Conditionerbestandteile mit Keratin, aber ohne Silikon; wohlig duftend versprachen sie mir einen schauerhaften Kurzurlaub unter der Dusche. Mal ganz ehrlich – wo ist das Problem, auf dieses überteuerte Gedöns ganz zu verzichten? Hier kommt der berühmte Konsumkreislauf in Gang: Wenn der Markt es wünscht, wird es produziert. Wenn der Bedarf geweckt wird, muss es produziert werden. Auf der anderen Seite möchte ich ein Medikament, das auf mögliche Nebenwirkungen für mich ausführlich getestet wurde. Einfach mal einseifen lassen!

Die Ausgestaltung der einzelnen Terme der Konfliktformel ist hier besonders stark mit der Entscheidung über die Kategorien Debatte / Spiel / Kampf verbunden. Ist jemand für einen Meinungswechsel offen, können schlüssige Argumentationsketten, Studien und Gedankenanregungen auf einen fruchtbaren Boden fallen. Für Spielregeln ist die schon mal erwähnte Eineindeutigkeit entscheidend, sodass die Grenzen sauber gezogen sind und deren Überschreitung mit klar definierten Sanktionen beantwortet wird. Die Gewaltbereitschaft radikaler Tierversuchsgegner ist eine deutliche Umsetzung der Formel in der Kategorie Kampf.

9. Doping

Doping ist die unerlaubte Einnahme von leistungssteigernden Substanzen. Angeblich stammt das Wort aus einem afrikanischen Dialekt, dessen diesen benutzender Stamm den »Dop« als Stimulans für rituelle Handlungen einnahm. Also sei hiermit schon mal festzustellen, dass der Begrüßungs-Prosecco bei einer Hochzeitsfeier den Tatbestand von Doping erfüllt. Wohl auch aus diesem besonderen Grund hat Jesus von Nazareth Wasser in Wein verwandelt und nicht in Obstsaftschorle.

Unter diesen Straftatbestand fällt also auch die Aspirintablette, um unserem von einer Erkältung geschwächten Körper die angeblich notwendige Arbeitskraft abzuringen. Kinder, die früher als

Zappelphilipp bezeichnet wurden, erhalten nun regelmäßige Rita-
lingaben, um im deutschen Bildungssystem angemessene Leistungen vollbringen zu können.

Sie ahnen an diesen pudrig ausgestreuten Beispielen, wie viel-
schichtig und konfliktträchtig dieser Themenkomplex ist.

a) Was ist passiert? Panne, Problem oder Konflikt?

Der Antrieb für die jahrelangen Quälereien im Sport ist das
Glücksgefühl, ganz oben auf der Treppe zu stehen, die Faust in den
Himmel zu recken und somit der höchste Punkt auf der Erde zu
sein. Hierzu das Beispiel eines inneren Konflikts des 400-Meter-
Läufers, der sich beim Start zu seiner Runde fragt: »Warum will
ich dahin laufen, wo ich jetzt schon bin?« Spaß beiseite, die Sinn-
frage ist nur zu klären, wenn ich über die sachliche Basis hinaus
in die Gefühlswelt eintauche. Wer sich an den Wochenenden die
Geschehnisse in Fußballstadien anschaut, weiß, wovon ich schreibe. Da reißen sich die Torschützen ihre Trikots vom Leibe und
trommeln auf der Brust wie die behaarten Urwaldbewohner. Alle
Teamkollegen stürmen herbei und huldigen dem Helden, mittlerweile sogar mit einstudierten Choreografien. Warum gibt es die
liebevoll gepflegten Rivalitäten zwischen Fußballfans im Norden
von NRW? In der Bandbreite von sehr humorvoll ausgelebt bis ul-
trahart aufeinander einprügelnd.

b) Debatte, Spiel oder Kampf?

Aus Versehen nimmt keiner Stimulanzien ein oder wacht mit einer
Spritze im Arm auf. Sport ist (Wett-)Kampf mit Regeln. Es geht um
Besiegen, ritualisiert und angeblich zivilisiert. Der schon erwähnte 400-Meter-Lauf wird auf der Tartanbahn gewonnen und nicht
durch überzeugende Argumente, wer aufgrund seiner Bauart, seines Trainingspensums oder Schulabschlusses der Bessere sei.

Von den prominenten Sportlern kommt mir als Erster der Rad-profi Jan Ullrich in den Sinn, wenn es um sportliches Doping geht. 2013 gab er in einem Interview zu, bei seinem Tour-de-France-Sieg 1997 mit Eigenblut gedopt gewesen zu sein. Dazu wird etwa ein Liter Blut des Sportlers abgezapft, konserviert und tiefgekühlt gelagert. Der Blutverlust regt den Körper des Sportlers an, neue rote Blutkörperchen zu bilden, die für die Sauerstoffaufnahme ver-antwortlich sind. Kurz vor dem Wettkampf wird das bis dahin ge-kühlte Blut dem eigenen Körper wieder zugeführt und so erhöht sich die Konzentration der roten Blutkörperchen enorm.

Diese Praktiken des spanischen Arztes Eufemiano Fuentes lösten einen der größten Skandale im Sportzirkus aus. Bei einigen von Ih-nen wird sich nun die Frage stellen: »Eigenblut? Das ist doch keine chemische Substanz? Also kein Doping! Wenn das ein Arzt mit einem hippokratischen Eid vorgenommen hat, dann war es doch nicht schädlich!«

c) Steuerungsszenarien

Da sind wir schon mittendrin in den Rahmenbedingungen der Konfliktformel. Um die Frage nach den Wertesystemen, die Fra-ge nach der Moral und dem ethisch Erlaubten dreht sich hier die Nabe des Diskussionsrades.

Der Aspekt Rhetorik schießt geradezu steil nach oben, wenn man sich die Argumentationslinie von Jan Ullrich anhört: »Fast jeder hat damals leistungssteigernde Substanzen genommen. Ich habe nichts genommen, was die anderen nicht auch genommen haben. Betrug fängt für mich dann an, wenn ich mir einen Vorteil ver-schaffe. Dem war nicht so. Ich wollte für Chancengleichheit sor-gen.« Doping als Chancengleichheit zu bezeichnen, darauf muss man erst mal kommen. Wenn sich die erste Entrüstung verflüch-tigt, scheint diese Kausalverbindung durchaus logisch zu sein.

Wie ist das zu widerlegen?

Was bei dem menschlich sympathisch erscheinenden Deutschen noch verständnisvoll diskutiert wurde, kippte bei dem Amerikaner Lance Armstrong teilweise in blanke Wut um. Dies war hauptsächlich dadurch bedingt, dass er nach Auftauchen der Dopingvorwürfe fast in jede Kamera, die auf ihn gerichtet war, seine Unschuld beteuerte. Als er dann wissenschaftlich überführt wurde und letztendlich auch ein öffentliches Geständnis ablegte, schlugen ihm hohe Wellen der Emotionen entgegen. Meine Unterstellung zu diesem Gefühlssturm ist, dass die Sportbegeisterten sich betrogen fühlten und sich nun an ihrem Idol rächen konnten, das sie so schmählich verraten hatte.

Dreistigkeit siegt im Spiel / Kampf

Dabei trägt jeder von uns zur Euphorie eines Siegers wesentlich bei. Nur ein Sieg zählt. In Berichterstattungen erscheinen Formulierungen wie »Er wurde nur Zweiter«. Kennen Sie den zweiten Mann, der auf dem Mond war? – Es war Buzz Aldrin, Louis Armstrong war der erste. Kleiner Scherz am Rande für die scheinbar Gebildeten: natürlich Neil Armstrong. In unserer Leistungsgesellschaft zählt nur der Sieger. Wenn es also in der Kategorie Spiel um die entsprechenden Regeln geht, ist die Grenze zum Kampf, in dem es um DEN Sieg geht, geradezu feenhaft durchscheinend. So ist die Versuchung, den Rubikon zu überschreiten, erstrebenswert. Dahinter winken Ehre, Macht und Reichtum.

Sehe ich bei meinem Neffen auf dem Fußballplatz – fanatische Eltern!

Hier scheint sich für mich eine riesige Projektionsfläche aufzutun. Wie in den anfänglichen Beispielen angeführt, bedienen wir uns alle leistungssteigernder Stimulanzien. Dazu gehören auch die Duftlampen mit Bioessenzen, die unsere Chakren energetisch ausgleichen sollen. Also können wir uns vortrefflich selber ein Alibi geben, uns rechtfertigen für unsere kleinen Vergehen, wenn wir die Großen anprangern. Dieses psychologische Muster spiegelt sich in dem deutschen Sprichwort wider »erst mal vor der eigenen Haustüre kehren«. Ob darin der Ursprung für die schwäbische Kehrwoche liegt, wird in einem später erscheinenden E-Book behandelt.

*LKW mit ABS (**Läberkäsweckle** mit **a** **b**issle **S**enf).*
Die wo schwätzt halt so!

Bei dieser ritualisierten Form von Brot-und-Spiele-Aktionen ist eine gehörige Portion Gelassenheit der Schlüssel. Die Stimmungslage der deutschen Sportfanatiker hängt von vielen externen Faktoren ab, die mit der angeblich schönsten Nebensache der Welt kaum eine direkte Verbindung haben – Blitzableiter für gesellschaftliche Unzufriedenheit, Idealisierung von einzelnen Personen oder Mannschaften in wirtschaftlich schweren Zeiten, Stellvertreter-Entrüstung bei moralischem Dilemma oder einfach nur Geborgenheit. All das sind Faktoren, die das Pendel unberechenbar in ein Stimmungsextrem schwingen lassen. Wie gehen Sie mit der Argumentation um, dass Doping erlaubt ist, wenn es alle machen und damit eine Chancengleichheit wiederhergestellt werden kann? Sachlich schwer zu widerlegen. Es bleibt dem Einzelnen also nur, es wohlwollend zu betrachten, entweder 15 Fanschals um den Körper geknotet und jeden Samstag im Block mit Bier und Currywurst ausgerüstet oder als Spektakulum aus der Ferne auf der heimischen Couch.

10. Tutti Frutti im Dschungelcamp

Eine der ersten Trash-Sendungen im deutschen Fernsehen, an die ich mich erinnern kann, ist Tutti Frutti, das erste erotische TV-Format 1990. Vielleicht liegt dies auch daran, dass ich niemanden, in Worten »niemanden« fand, der mir die Regel erklären konnte, wieso die Himbeere in einem bestimmten Moment blankzog.

In direktem Verwandtschaftsverhältnis scheint die Realityshow desselben Senders »Dschungelcamp« zu stehen, die seit 2004 in über elf Staffeln ausgestrahlt wurde. Ziel etwa eines Dutzend Personen ist es, möglichst lange in der Zuschauergunst attraktiv zu bleiben und nicht herausgewählt zu werden. Der Aufenthalt im australischen Busch wird durch Dschungelprüfungen nachgewürzt. Vermutlich am bekanntesten sind die kulinarischen Herausforderungen, denen sich die Bewohner stellen müssen. Ich erwähne hier nur einige Anregungen zum Nachkotzen: das Herunterwürgen von Fischaugen, püriertem Schweineafter, Wildschweinvagina, mit Milch pürierten Kängurupenissen, lebenden Sandwürmern, Rattenschwänzen im eigenen Sud mit Kuheutergarnierung. Weiterhin auf der Zutatenliste sind zu verzeichnen: Mehlwürmer, Kakerlaken und Grillen, die jedem Entomologen (Insektenforscher) einen wohligen Schauer den Chitinpanzer runterlaufen lassen.

Um im Sprachduktus zu bleiben: Da haben wir schon zwei Zutaten für den Erfolg dieser Serie, den Ekelfaktor und die Schaben-, äh Schadenfreude.

a) Was ist passiert? Panne, Problem oder Konflikt?

Bei Tutti Frutti ging es eindeutig um Erotik und Sex, sodass die Konfliktlinie relativ klar zu ziehen war: Entweder ist es eine Frage der Moral, was Sex in der Öffentlichkeit zu tun hat, oder des Feminismus, wenn es um die Herabwürdigung der Frau zu einer Obstsorte geht.

Ich schwinge mich mal zum Medienpsychologen auf. Am leichtesten nachzuvollziehen ist wahrscheinlich, dass beim Dschungelcamp dem Gerechtigkeitsgefühl Genüge getan wird. Ist die Dschungelprüfung erfolgreich absolviert, gibt es eine Belohnung; ein Versagen wird sofort sanktioniert und kann sogar die gesamte Teilnehmergruppe treffen. Die Persönlichkeitsstrukturen der Camper sind so weit gestreut, dass die Polarisierung beim Zuschauer in sympathisch und unsympathisch relativ schnell angetriggert wird. Weiterhin schlägt der Übertragungsmechanismus aus narzisstischen Beweggründen zu. Menschen wie du und ich, die früher mal im Scheinwerferlicht standen und nun schmink- und schmucklos im richtigen Leben zu beobachten sind, die also eine gewisse Fallhöhe hinter sich haben, nach Schicksalsschlägen über Geldsorgen klagen oder einfach nur mal wieder im Scheinwerferlicht stehen wollen. Diese voyeuristischen Beweggründe tanken unser Selbstwertgefühl auf.

Prof. Dr. Hans-Bernd Brosius vom Institut für Kommunikationswissenschaft und Medienforschung an der LMU München erklärt das mit dem Satz: »Wenn ich das Leid und die Tollpatschigkeit von anderen sehe, kann ich mich selbst gut fühlen.« Nichts anderes ist das Prinzip sogenannter Pannenshows und Internetvideos, angereichert mit einer Prise Humor. Auch wenn wir Schadenfreude moralisch verwerflich finden, beginnen wir bei einigen Szenen zu lachen. Das ist ein Urmuster, dem wir nicht widerstehen können. Der oben erwähnte Wissenschaftler geht sogar so weit, von einer gesellschaftlichen Integration zu sprechen. Seiner Ansicht nach wird das Publikum vor dem Bildschirm zusammengeschweißt, während es dem Treiben im Outback zusieht. »Wir verständigen uns mit unseren Mitmenschen über unsere Moral- und Wertvorstellungen, empören oder erfreuen uns gemeinsam«, erklärt der Professor. Diese durchaus positive Wirkung steht dem angeblichen Verfall der Sitten entgegen.

Sie merken, dass dieses Thema ein gefundenes Fressen für jeden spitzfindigen Beobachter der Umwelt darstellt und seitenweise ausgeschlachtet werden könnte. Das wäre wieder ein anderes Buch, und so kommen wir zu der Frage zurück, warum dieser Voyeurismus in der Konflikt-Bibel behandelt wird. Dieses Phänomen bietet umfangreiche Möglichkeiten, psychologische Mechanismen und die damit verbundene Aktivierung von Emotionen zu erläutern und auszubreiten.

b) Debatte, Spiel oder Kampf?

Eine Anekdote noch zu den Spielregeln bei Tutti Frutti: Ich erinnere mich an ein Interview mit dem Showmaster Hugo Egon Balder, in dem er zugab, die Regeln und das Punktesystem selber nicht verstanden zu haben. Die deutsche Version der Show wurde in den Originalkulissen in Italien von »Colpo Grosso« gedreht. In deren Drehpausen übernahm man komplett das Frucht-Ballett, die Kulissen, die Anzeigetafeln und die gesamte Technik. Die Filmcrew verstand also selber nicht zu 100 Prozent, was da passierte.

Die Konfliktkategorie bei beiden Straßenfegern ist das Spiel mit Beimischungen vom Kampf ohne einen Hauch der Chance für das Überzeugen.

Darauf erst mal einen Tequila Sunrise, bitte nur Originalmixtur.

c) Steuerungsszenarien

Da mir das Voyeursgen fehlt und Pannenvideos und die versteckte Kamera mich in keinster Weise begeistern, fällt es mir schwer, dieses Verhalten einzuordnen. Und das genau ist der Punkt – ich muss es ja gar nicht bewerten oder einordnen. Dieses Phänomen existiert offenbar in einer Parallelwelt zu mir und ich bin zahlenmäßig unterlegen, also brauche ich gar keinen Konflikt runterzubrechen. Jens Corssen prägte die Formulierung: »Du bist ein strahlender Stern und ich habe es mir anders vorgestellt.« Dem ist nichts hinzuzufügen. Einfach mal sein lassen!

Meine Intention lag eher auf der Entwicklungsfunktion über die Diskussion solcher Formate und der damit verbundenen Pluralisierung von Beziehungsstrukturen innerhalb der Gesellschaft. Ja, so trashig, wie das erst mal klingt, bringt uns diese Sendung gesellschaftlich weiter. Sie unterstützt die Standortbestimmung jedes Einzelnen und des gesellschaftlichen Konsenses, rüttelt an unseren Moral- und Wertvorstellungen und übt gleichzeitig eine Ventilfunktion aus. So hart das auch für einige Intellektuelle in diesem Lande sein mag – unsere Gesellschaft braucht das Dschungelcamp!

Prophezeiung und Offenbarung

Am Schluss einer solchen Sammlung von Geschichten ergibt sich automatisch die Frage, ob es ein Resümee, eine Zusammenfassung oder sogar eine Lehre daraus geben kann.

Ich tue mich schwer damit, weil ich mit diesem Buch keinen Status als Heilsbringer erlangen kann und möchte, auch wenn der Titel das suggerieren mag. Was mir beim Schreiben und mehrfachen Lesen und Redigieren aufgefallen ist: Die Frage nach Werten, Normen und gesellschaftlichen Verabredungen ploppt immer wieder auf. Im Wirtschaftsleben unterstreicht das für mich die Notwendigkeit, sich über die Verhaltens- und Handlungsregeln klare Gedanken zu machen und diese dann auch zu kommunizieren. Der Abgleich von Verhaltensleitplanken ist die Grundvoraussetzung für einen gemeinsamen Weg. Gerade auch wenn die Beschaffenheit des Weges schwieriger wird, durch wechselnden Belag, durch Auf und Ab oder verschlungene Pfade, geben diese Navigationspunkte klare Orientierung für die gemeinsame Mission.

Konflikte zeigen also einen Mangel auf, den Wunsch nach Befriedigung eines Bedürfnisses, wie bereits erläutert wurde. Damit ist eine bestehende Konsequenz, sich nicht weiter im Mangel zu suhlen, sondern dem aktiv entgegenzuwirken. Kein Mensch käme auf die Idee, bei Mangel an Flüssigkeit weiter zu dürsten. Daraus ergibt sich die Erkenntnis, dass es keinesfalls zur Lösung führen wird, weiter in einem Mangel / Konflikt zu verharren. Verdursten oder Seelenfrieden!

Damit es irgendwann nicht heißt:

»Houston, wir haben einen Konflikt!«

Konfliktappendix

Ein »Appendix« steht allgemein für einen Zusatz oder Anhang an einen Text. Wobei der Appendix vermiformis, zu Deutsch Wurmfortsatz, auch umgangssprachlich Blinddarm genannt, manchmal genauso überflüssig ist. Wie nah das beieinander liegt, zeigen zwei englische Übersetzungen: ruptured appendix – geplatzter Wurmfortsatz – und technical appendix – technischer Anhang.

Dieses Kapitel ist in drei Teile gegliedert. Der erste Teil erläutert, wie der Autor letztendlich vom Schicksal oder anderen Vorkommnissen auf dieses Thema gestoßen wurde. Aus seinen inneren Qualen, aber auch der Fassungs- und Hilflosigkeit, also dem inneren Konflikt, entstand diese neuartige Konfliktsystematik. **Vergangenheit!**

Im zweiten Teil ist ein Interview transkribiert, das der Autor mit einem jungen Start-up-Unternehmer zum Thema »Führung im generation gap« geführt hat. Diese Frage ist eine der aktuellen Herausforderungen, wenn wir über Neue Arbeit und die Folgen der digitalen Transformation nachdenken. **Gegenwart!**

Im dritten Teil wird die latent im Gehirnlappen schwebende Frage beantwortet: »Wie fange ich / fangen wir denn nun an?« Dabei geht es um Anstupser, die wie beim Schneemannbauen aus einem kleinen Schneeball einen möhrenverzierten Koloss entstehen lassen. **Zukunft!**

Mein berufliches Schicksal
(nur wen es interessiert)

Hier geht es um einige autobiografische Details meines Berufslebens. Ich hatte in einem früheren Kapitel über meinen Einstieg
in die Führungswelt berichtet – Niederlassungsleitung Schwerin,
Klage des Betriebsrats wegen Menschenrechtsverletzungen und
die Erkenntnis, dass Debatte und Kampf zwei Konfliktkategorien
sind, die zu permanenten Störgeräuschen in einer Geschäftsbezie-
hung führen.

Mein persönliches Karrieredrama hat sich bis zu meiner Selbstständigkeit konsequent durchgezogen. Der absolute Höhepunkt
wurde im Weiterbildungsmagazin managerSeminare, Ausgabe Januar 2017, wie folgt beschrieben:

»*Es geschah an einem Freitag. Christoph Maria Michalski erinnert
sich an jedes Detail. Er war ausgeschlafen, gut gelaunt, top vorbereitet, als er morgens den Besprechungsraum seines Hamburger Dienst-
sitzes betrat. Ein Meeting zum Thema ›Entwicklung der Strukturen
und Geschäfte in Norddeutschland‹ stand an. Er hatte die Einladung
vor einer Woche per E-Mail erhalten. Es war das letzte Meeting für
diese Woche, das letzte Meeting, bevor er zu seiner Familie nach
Münster fahren würde. Was Michalski nicht ahnte: Es war das letzte
Meeting für ihn in diesem Unternehmen überhaupt.*

*Vor diesem Freitag traf Michalski permanent Entscheidungen. Als
Bereichsgeschäftsführer ›Norddeutschland / NRW‹ eines großen Bildungsträgers hatte er Einfluss, die richtigen Kontakte, über 700 Mitarbeiter unter sich und die Verantwortung für einen Jahresumsatz
von 24 Millionen Euro. Er war der Player, der Entscheider, der alle
Fäden in Hand hielt. ›Ich stand in der Mitte eines Lichtkegels, ich
war sichtbar‹, erklärt Michalski. Dann ging alles ganz schnell. Die
Einladung zum Meeting, der Freitag und die Worte: ›Herr Michalski,
wir trennen uns von Ihnen.‹ Eine Stunde später stand er mit einem
Bananen-Karton unter dem Arm an der Alster: ›Ich war wie para-*

lysiert. Plötzlich hatte mir jemand meinen Lichtkegel einfach ausge-
knipst.‹«

So spürte ich Disruptivität am eigenen Leibe. Die einzelnen Mechanismen im Geschäftspoker hatte ich relativ schnell durchschaut
und ich konnte mich an ihnen mithilfe meines rostigen Charmes
entlangschlängeln. Ich war wirtschaftlich äußerst erfolgreich und
hatte mir den Respekt meiner Geschäftspartner erarbeitet. Was ich
viele Jahre lang unterschätzt hatte, waren meine eigene Unzufriedenheit und Unausgeglichenheit, mein innerer Konflikt.

Vokabeln dafür habe ich erst mit dem Reiss-Profil erhalten. Dies
ist ein Diagnoseinstrument für menschliche Motivation und erfasst die Dimensionen der individuellen Persönlichkeit. Basis ist
ein psychologisches Testverfahren, das von Professor Dr. Steven
Reiss in den 1990er-Jahren entwickelt wurde. Mittlerweile ist die
europäisch-wissenschaftliche Variante mit dem LUXXprofile entwickelt worden.

Was mich sofort daran fasziniert hat, ist die Tatsache, dass die
16 Grundmotive menschlichen Handelns in einer Ausprägungs-
skala dargestellt werden. Es erfolgt damit keine Bewertung in »gut«
und »schlecht«. Wenn man dabei etwas bewerten will, dann allein
die Frage, ob mein Umfeld günstig für meine Antriebsfaktoren ist.
Hier greife ich den Begriff der Gestimmtheit auf: Fügen sich mein
privates und berufliches Umfeld zu einem stimmigen Akkord, der
Harmonie aussendet? Dies verneine ich im Nachhinein für meine
Karrierestufen, was ja auch zu den vielen Disharmonien geführt
hat.

Die einzelnen Motivationsfaktoren werden auch als »Energiequellen« bezeichnet, bis hin zu der Tatsache, dass ich bei einer hohen
Ausprägung 80 Prozent meiner Zeit damit verbringe, den Tank
dieser Wesenszüge zu füllen. Sie alle kennen sportliche Menschen,
zu denen man Folgendes sagt: »Geh erst mal eine Runde laufen, du
bist ja unausstehlich!« Wenn ein Bewegungsfanatiker diesen Per-

sönlichkeitsanteil nicht ausleben kann, wird er knatschig. Diese Annahme wird auch auf die 15 anderen Motive übertragen.

Mein komplettes Profil werde ich nicht ausbreiten und greife nur einige Punkte heraus. Meine Ausprägung des Motivs »Macht« liegt im durchschnittlichen Bereich. Das Lebensmotiv Macht gibt Auskunft darüber, ob jemandem das Führen / Verantworten in hoher Ausprägung oder eher das Übernehmen von Dienstleistung in niedriger Ausprägung wichtig ist. Die einzelnen Motive geben keine Auskunft darüber, ob jemand fähig ist, also die Kompetenz besitzt, das jeweilige Motiv auszufüllen. Es deutet an, ob das Ausüben dieses Motivs eine Kraftquelle für die jeweilige Person ist. Die durchschnittliche Ausprägung bedeutet also, dass ich Macht ausüben kann, aber nicht den ganzen Tag heiß darauf bin. Kombiniert ist dies bei mir mit der äußerst geringen Ausprägung des Motivs »Anerkennung«, im Sinne der äußeren Anerkennung, und der ebensolchen Ausprägung des Motivs »Status«. Beim Motiv »Teamorientierung«, dem Wunsch nach Verbundenheit mit anderen Menschen, komme ich auf eine maximale Ausprägung. Beim Begriff der »Neugier« schlage ich ebenfalls fast am oberen Ende der Skala an.

An diesem Motiv möchte ich kurz noch einmal auf die Nicht-Bewertung eingehen. Ich will alles wissen! Egal, ob ich das irgendwann gebrauchen kann oder als Schatz in meinem Kopf hüte, da bin ich wie Gollum. Wenn ich einer von 100 bin, der so neugierig ist, bedeutet dies, dass ich 99 Prozent meiner Mitmenschen damit auf den Geist gehe.

Als Musiker habe ich mir eine Ukulele gekauft, weil ich wissen wollte, wie sich Akkorde mit vier Saiten greifen lassen. Nachdem ich zwei Lieder spielen konnte, habe ich das Instrument neben mein Hawaiihemd gelegt und seitdem nicht wieder angefasst. Diese pure Neugier wird von Menschen mit niedrigerer Ausprägung des Motivs »Neugier« als »Hans Dampf in allen Gassen«, »Kann der nicht einmal was zu Ende bringen!« und »Welche Sau treibt er jetzt wieder durchs Dorf!« interpretiert. Ich finde Menschen mit gering ausgeprägter Neugier einfach nur dröge. Zur Ehrenrettung dieser Vorverurteilten – diese Menschen sind grundsätzlich auch neugierig, fragen sich aber jedes Mal, ob sie das direkt gebrauchen können, und sättigen dann ihren Wissensdurst; mehr aber auch nicht.

So ergibt sich eine Gemengelage meiner Motive, die in ihrer Gesamtheit für keine tiefgreifende Befriedigung in absoluten Macht- und Führungspositionen sorgt. Ich bin erfolgreich gewesen und es hat mich nicht erfüllt. Als Leiter einer Forschungs- und Entwicklungsabteilung würde heute mein Name Christoph Maria Düsentrieb sein.

Mein Resümee meiner angestellten Tätigkeiten lautet: Ich habe fast 20 Jahre in ungünstigen beruflichen Kontexten gearbeitet.

Meine Motivlage ist für die jetzige Tätigkeit energetisierend – meine Sorge um das Wohl anderer Menschen und deren Verbundenheit ist jetzt ein Punkt, den viele Kunden bei mir schätzen: Geborgenheit! Die Neugier in allen Themenbereichen und die Verbindung derselben miteinander manifestieren sich gerade in diesem Buch. Das Ruhen in mir selbst, und dies in Verbindung mit geringem Statusgehabe, lässt mich zum Wohle meiner Kunden agieren und nicht zu meiner externen Anerkennung. Und das Ganze noch mit einer hohen Stressresistenz und emotionalen Gelassenheit, die eine seniorable Seriosität ausstrahlt. Jetzt passt es!

Die innere Zerrissenheit zwischen selbst gewählten Anforderungen im beruflichen Kontext und der inneren Disposition der Antreiber kann Menschen zerreißen oder ausbrennen lassen. Ich hatte das Glück einer gewissen Robustheit und eines sozialen Umfeldes, das mich trotz meiner Stachligkeit getragen hat. DANKE!

Wie dem zeitlichen Tableau dieser Darstellung zu entnehmen ist, war es ein langer und verschlungener Weg bis zu dieser Erkenntnisstufe. Besser jetzt als nie!

Dies ist kein Werbeblock für ein bestimmtes Persönlichkeitsmodell. Ein Modell ist immer nur eine Idee von der Funktionalität verschiedener Faktoren, nie ein Abbild der Wirklichkeit. Das Modell der Chemie, dass es einen Kern gibt, um den die Elektronen flitzen, erklärt, wie die kleinen Zahlen an die Buchstaben kommen. Für andere Phänomene weichen die Wissenschaftler auf die Quantentheorie aus. Es ist nur ein Modell!

Der Bericht in jenem Magazin geht folgendermaßen zu Ende:

»Der ehemalige Geschäftsführer Christoph Maria Michalski hat mittlerweile ebenfalls die Macht der Persönlichkeit zu schätzen gelernt. Als ›Der Konfliktnavigator‹ berät er heute Unternehmen im Konfliktmanagement und wirkt dabei vor allem durch seine Persönlichkeit. ›Meine Kunden wollen mich als Menschen, sie nehmen meinen Rat an, weil sie mich als authentisch erleben und den Sinn dahinter sehen. Das rührt mich‹, verrät Michalski. Er ist nun nicht mehr austauschbar, weil er keine Rolle mehr hat. Wenn man so will, könnte man sagen: Seine Machtposition ist heute deutlich gesicherter als vor seinem beruflichen Umbruch. Viele Standbeine erhöhen die Stabilität auch deshalb, weil sich sein – wie er es formuliert – Lichtkegel nun nicht mehr aus einer großen Quelle, sondern vielen verschiedenen Quellen speist. ›Die Lichtstärke variiert, aber wenn einer das Licht ausknipst, stehe ich nicht gleich im Dunkeln‹, sagt Michalski. Was er damit meint: Er schenkt heute allen Lebensbereichen die gleiche Aufmerksamkeit. Sein Tipp: ›Sich mehrere Lampen aus unterschiedlichen Bereichen zulegen. Egal, ob jemand seine Liebe zur Spiritualität entdeckt, Briefmarken sammelt oder durch den Harz wandert, Hauptsache, es gibt noch etwas neben dem Job.‹ Michalski ist heute glücklicher als vor seinem beruflichen Umbruch und letztlich froh, dass alles so gekommen ist. Seine neue Freiheit kostet der 54-Jährige jeden Tag in vollen Zügen aus, denn einen Teil seiner Abfindung hat er bereits investiert – in ein Motorrad.«

Interview mit dem Gründer des Start-up-Unternehmens »ACTUS« – Achtung, Produktplatzierung!*

Die Arbeit 4.0 geistert als Schlagwort allgegenwärtig durch die Medienlandschaft. Die Digitalisierung der Wirtschaft ist für viele Unternehmer schon abgeschlossen, wenn sie ein Glasfaserkabel als Datenautobahn vorweisen können.

Die Generation Y bezeichnet eine Bevölkerungskohorte, die zwischen 1980 und 1995 geboren wurde. Der Buchstabe »Y« wird wie das englische »why« ausgesprochen, da ein Charakteristikum dieser Menschengruppe das Hinterfragen von Strukturen und gesellschaftlichen Arrangements ist.

Unter dem Stichwort »Arbeiten 4.0« hat die frühere Arbeitsministerin Frau Nahles einen Dialogprozess ins Leben gerufen, der die zentrale Frage beantworten will: »Wie wollen wir in Zukunft arbeiten?« Nachdem diese Frage in einem Grünbuch aufgeworfen worden ist, wurden in einem Weißbuch die Schlussfolgerungen aus dem Dialog der Öffentlichkeit vorgestellt.

Sie können das viel schneller und zielgerichteter googeln, als wenn ich hier eine Abhandlung über diese revolutionäre Umwälzung der Arbeitswelt und der damit verbundenen Generationskonflikte ins Papier meißeln würde.

Deshalb bin ich auf die viel erquicklichere Idee gekommen, ein Interview mit einem Mitglied der Generation Y/Z zu führen. Das damit gewährleistete »Am-Puls-der-Zeit-Sein« verstärkt sich

---

* Sechs Monate nach diesem Interview wurde der Autor einer der Gründungsgesellschafter der Actus GmbH.

durch die Tatsache, dass Niklas Schwichtenberg Start-up-Unternehmer ist, der die Führungsphilosophie der Zukunft revolutionieren will.

Das Interview von Anfang Februar 2017 wurde transkribiert und sprachlich von Niklas sanft geglättet, ansonsten ist es Originalton. Aber hören Sie doch selbst:

Autor: *Hallo, Niklas. Als Generationsklammer haben wir uns geeinigt, dass wir uns duzen. Stell dich bitte kurz vor!*

Niklas: Hallo, Christoph, erst einmal stellvertretend für meine Generation vielen Dank für dein Interesse an uns und natürlich ein großes Dankeschön von mir, dass ich die Möglichkeit habe, Teil deines Werkes zu werden. Kurz zu mir. Ich bin zurzeit Student der Rechtswissenschaften und angehender Unternehmensgründer. Ich habe die üblichen Eigenschaften eines Lehrerkindes. Habe mir aber sagen lassen, dass ich mich ganz gut entwickelt habe. Vor allem mein Interesse an Herausforderungen und neuen Erlebnissen haben mich nicht nur in die USA und nach Asien getrieben, sondern mir immer wieder tolle Türen geöffnet. Meine Freizeit verbringe ich entweder mit meiner Arbeit im Sportverein oder mit meinem größten Hobby, dem Netzwerken. Ansonsten würde ich mich jetzt schon als Workaholic bezeichnen, der aber so viel Spaß an seiner Arbeit hat, dass er sich nur von seiner Freundin ablenken lässt.

Autor: *Ich war die Bundeswehr-Parka-Jeans- und Rolling-Stones-Generation. Was ist dein Lebensgefühl?*

Niklas: Wir leben in einer sehr schnellen Welt, wir leben in einer Welt, in der sich viele Sachen verändern, und trotz dieser ganzen Veränderungen gehen wir immer mehr ein bisschen zurück ins Kleine, Vertraute.

Wir suchen wieder mehr den menschlichen Kontakt, und wir

wollen mit dem menschlichen Kontakt Sicherheit erlangen, ob das jetzt in der Familie, im Freundeskreis oder auch bei Kollegen ist. Wir suchen hier eigentlich Sicherheit, weil wir durch diese schnelle Veränderung und die Möglichkeiten, die wir alle haben, vor einer so unfassbar großen Vielfalt von Möglichkeiten stehen, dass wir eigentlich selber immer Angst haben, etwas zu verpassen. Das ist die größte Angst meine Generation.

Autor: *Switchen wir kurz von dir als Individuum zu dir als Prototyp einer Generation. Welche Sorgen habt ihr?*

Niklas: Die Sorge meine Generation ist das, was ich schon gesagt habe: Wir wollen nichts mehr verpassen, und dadurch, dass wir nichts verpassen wollen, haben wir eine große Angst davor, uns zu binden.

Das fängt in der Beziehung an. Es gibt heutzutage dieses Phänomen des Ghosting, wo man sich dann nicht mehr meldet und sich einen neuen Partner sucht, weil man in der eigenen Beziehung nicht mehr die Erfüllung findet, ständig was Neues braucht und Angst hat, etwas zu verpassen.

Das zieht sich natürlich auch so in den gesellschaftlichen Bereich rein, in die Arbeit, das zieht sich auch in das politische Verständnis rein.

Wir sind eigentlich ständig auf der Suche nach neuen Dingen, damit wir sie nicht verpassen, und selbst wenn wir uns wohlfühlen, reicht uns das meistens nicht. Es reicht uns nicht, weil wir immer vor Augen haben, dass Informationen so einfach zugänglich sind, man sieht immer das Nächste vor Augen, den nächsten Job, die nächste tolle Freundin. Das sorgt dafür, dass wir einen unsteten Lebensweg haben. Es ist halt immer in Bewegung. Durch Hektik, durch Informationsüberflutung geraten wir so in einen Strudel hinein und da bestärken wir uns alle gegenseitig. Wir infizieren uns alle ein bisschen gegenseitig. Das macht das natürlich nicht leichter, das macht das eher komplizierter, denn wenn wir alle selber rumwuseln, fällt es natürlich schwerer, da mal den Stopp reinzubringen, weil dann ist man ja irgendwo außen vor.

Wir werden langsam wieder globaler, wir denken auch an andere, Sorgen der Welt beschäftigen uns jetzt auch wieder mehr. Wir werden wieder politischer, obwohl man ja meiner Generation doch eher die Verdrossenheit nachsagt. Das muss nicht zwangsläufig gleich in politischem Aktivismus oder in Parteizugehörigkeit resultieren. Wir werden wieder ein bisschen altruistischer, sagen wir mal: gesellschaftsfähiger.

Autor: *Was ist der ideale Job?*

Niklas: Ich glaube, der ideale Job muss uns eigentlich inzwischen ganz viele verschiedene Dinge geben, die wir auch aus dem Freizeitleben kennen.

Der ideale Job ist eigentlich nicht mehr der eine Job, sondern es geht um eine Vielfalt von verschiedenen Aspekten. Auf der einen Seite möchte meine Generation sehr viele eigene Dinge umsetzen. Wir möchten eigene Ideen, Projekte, Wünsche und Vorstellungen realisieren. Auf der anderen Seite möchten wir auch irgendwo ankommen.

Wir möchten auch eine Person haben, die uns auf die Schulter klopft, das mögen wir gerne. Wir sind, vor allem was schnelle Rückmeldung angeht, sehr bedürftig. Was man sogar schon so sagen darf: Wir freuen uns oder wir fordern das sogar ein, dass man uns sagt, wie wir uns verhalten. Wobei wir, was Kritik angeht, etwas empfindlicher sind als die Generation vor uns. Wir sind, was Kritik angeht, nicht mehr so fähig. Wir brauchen viel Feedback. Feedback ist unsere Essenz, das, was uns bei der Stange hält, was uns begeistert. Begeisterung ist das, was uns dann motiviert, das, was uns antreibt, wenn man die Kette mal weiterführt. Mit Feedback einher geht auch ein gewisses Lebensgefühl. Der Chef wird zum Partner, nicht zum Freund.

Ich glaube, ein weit verbreiteter Irrtum ist, wir wollten nie einen Freund, wir wollten auch nie einen Freund als Lehrer haben. Wir wollten faire, gerechte Lehrer und das Gleiche wollen wir auch im Job. Wir wollen einen Chef, der uns mitnimmt, der uns Raum gibt, der uns auch gleichzeitig führt, der uns das Gefühl gibt, dass wir gebraucht werden. Gleichzeitig eröffnet er uns den Raum, neue Dinge einzubringen.

Besonders aufgrund der veränderten Arbeitswelt, durch die vielen Möglichkeiten und durch die vielen neuen Jobs, die jetzt gerade entstehen, gerade auch für höher qualifizierte Arbeitskräfte, brauchen wir für den idealen Job jemanden, der uns vielleicht nicht so viel Geld zahlt, der es uns ermöglicht, ein in unseren Werten gutes Leben zu führen. Wir wollen, dass sich die Werte in unseren Jobs widerspiegeln – Freiheit, Sicherheit, Gestaltungsmöglichkeiten.

Autor: *Wie wollt ihr im Job geführt werden?*

Niklas: Führung ist meiner Meinung nach und der Meinung meiner Generation nach der wichtigste Punkt.

Wir definieren uns viel über unsere Leistungen, über unseren Freiraum und über unsere Errungenschaften, und das macht nur gute Führung möglich. Also brauchen wir gute Führung. Gute Führung bedeutet für uns auf jeden Fall eine enge Betreuung, die aber nicht zwangsläufig Nähe bedeutet. Das bedeutet, dass sich die Führungskraft um uns kümmert, dass wir uns irgendwo mitgenommen fühlen, wertgeschätzt fühlen. Dass jemand da ist, der uns als Individuum sieht. Wir möchten nicht mehr in der Abteilung versinken, nicht mehr die Mitarbeiter Nr. 1, 2, 3 sein. Wir möchten als Individuen wahrgenommen werden, geführt werden; möchten auch dahingehend vom Chef herausgefordert werden. Herausforderungen sind uns wichtig, wir wollen uns beweisen. Wir wollen viel kommunizieren. Wir wollen der Welt zeigen, was wir können. Gleichzeitig wollen wir aber auch für die ganzen anderen Dinge, die wir drumherum haben, Zeit, Verständnis und sogar Unterstützung haben.

Das macht vielleicht eine gute Führungskraft aus. Dass sie auf der einen Seite guckt, wie kann er sich, als Vertreter einer Generation, entwickeln, wie kann ich ihn anleiten, wie kann ich mit ihm viel kommunizieren, aber wie kann ich ihm gleichzeitig einen Freiraum lassen. Wie kann ich ihn begeistern, dass er eigene Dinge umsetzt.

Ich würde das gern zusammenfassen mit der Formulierung: Wir brauchen heute Königsmacher und keine Zwergenproduzenten. Das heißt also, ich will zum König gemacht werden. Wenn mich meine Führungskraft zum König macht, dann ist das für mich eigentlich die ideale Führung.

Weil das Runterdrücken, das Zwergenmachen, Abwehrhaltung auslöst, und das ist langfristig keine Option mehr.

Autor: *Auf welches Unverständnis stoßt ihr?*

Niklas: Da ist der wichtige Punkt: das starke Kommunikationsverlangen. Für viele Führungskräfte sind die Themen Kommunikation, Feedback, Rückmeldung eher ein Neben- oder Abfallprodukt, eine Nebensache. Es gibt Ziele und Aufgaben, die müssen erreicht, und Projekte, die müssen abgeschlossen werden. Aber ich denke, dass Kommunikation der Punkt ist, wo es oft hakt.

Das kann zum Beispiel an Zeitmangel liegen, also an Prioritäten, die anders gesetzt werden. Wenn ich mich noch mal auf die vorige Frage beziehe, ist diese Prioritätenverschiebung für gute Führung ganz wichtig.

Ich habe selber die Erfahrung gemacht, dass ich mit viel Kommunikation gut geführt wurde, oder ich wurde auch schon mit viel Kommunikation schlecht geführt. Es ist also auch eine Art der Qualität der Kommunikation. Es bedeutet aber nicht, dass ich mich dann automatisch besser geführt fühle, wenn ich jeden Tag fünf E-Mails bekomme oder 30 Anrufe, oder dass ich qualitative Kommunikation brauche.

Ich muss individuell angesprochen werden, muss genau angesprochen werden, und ich muss auch vor allem das Ganze in einem Zusammenhang sehen. Ich muss eine Vorstellung haben, warum meine Führungskraft genau in dieser Form mit mir kommuniziert, wo wir hingehen zusammen.

Ein großes Missverständnis ist, dass viele Führungskräfte meinen, sie müssten sich der jungen Generation anbiedern. Wenn Führungskräfte meinen, sie müssten jetzt unbedingt WhatsApp nutzen. Ich persönlich finde es fürchterlich, wenn ich zwischen all meinen Freunden und meiner Volleyballmannschaft noch meinen Chef im Verlauf habe. Das passt nicht und ist eine schwierige Situation, in der sich dann beide Seiten befinden, weil es auch unterschiedliche Vorstellungen gibt, wie man es macht. Auch bei Facebook ist das so, wir wollen ja irgendwo noch ein bisschen im Privaten bleiben. Die ganze Vermischung der beiden Kommunikationskanäle geht in die falsche Richtung. Wir möchten schon, dass unsere neuen Ansprüche verstanden werden, gerade auch was die Digitalisierung angeht. Wir wollen, dass sie aufgenommen und auch verstanden werden. Wir möchten nicht, dass unser Chef die persönliche Kommunikation kapert.

Autor: *In welche Fallen tappen wir Alten?*

Niklas: Natürlich in die Kommunikationsfalle, in die Social-Media-Kommunikationsfalle.

Die Älteren müssen sich davon verabschieden, dass sie diese Kanäle einfach nur nutzen und damit auch das Verständnis erlangen. Das ist ein Irrglaube. Das Kommunikationsverhalten zu adaptieren, heißt nicht, dass man seine Message rüberbringt. Ich kann Verbindungen herstellen, aber ob da wirklich was rauskommt, das ist fraglich. Auch ist es eine Falle, wenn wir versuchen, Ansprüche umzusetzen, dass wir in eine gewisse Überkorrektur geraten. Wir versuchen dann, bestehende Strukturen sofort aufzulösen oder zu verändern, und schaffen dadurch Unsicherheiten, die diametral zu dem Anspruch liegen, den wir haben – Sicherheit. Wenn dann der Chef versucht, zehn neue Dinge gleichzeitig einzuführen, auf die Umsetzung wartet, dann tappt er in eine so typische Falle – erst handeln und dann nachdenken, wie er das umsetzt.

Eine weitere Falle ist, dass die Führungskräfte denken, dass das alles nicht so wichtig ist. Das war schon immer so und das wird sich auch nicht ändern. Der Umbruch, der im Moment entsteht, ist der Wahnsinn. Das ganze Kommunikationsverhalten, die Ansprüche, Vorstellungen, Wünsche und Lebensweisen verändern sich. Wenn das nicht in der Arbeit und den Unternehmen ankommt, dann wird es einen unfassbar großen Verdrängungswettbewerb geben. Es gab schon einmal so eine große Veränderung, bei der viele Firmen von der Bildfläche verschwanden, das war die Industrialisierung. Ich wage mal einen Vergleich: Firmen müssen jetzt schon aufpassen, dass sie jetzt nicht die Fehler machen, die andere in der Vergangenheit gemacht haben – dass sie den Wandel nicht wahrnehmen. Wenn also jemand noch die neue Pferdekutsche möchte und mit dem Auto nichts anfangen kann, dann verschwindet er.

Autor: *Wie ist euer Bild von der älteren Generation?*

Niklas: Ich glaube, eher positiv. Dieses Bild, dass wir den alten Holzschrat von Chef vor uns haben, das stimmt nicht. Wir haben ein positives Bild. Dadurch, dass wir im Überfluss aufgewachsen sind, haben wir ein positives Bild von unseren Eltern. Aber wir sind auch nicht mehr die Anarcho-Generation. Wir sind die Generation, der es gut geht und die nicht zwangsläufig rebellieren muss. Wir sehen die ältere Generation als netten Onkel. Wir wissen, dass er nicht so up to date ist, dass nicht die coolsten, neuesten Sachen von ihm zu erwarten sind. Wir freuen uns, wenn wir ihn sehen, und kommen mit ihm klar.

Wenn es nicht gerade ein patriarchalischer Chef ist, kommen wir mit ihm gut aus, denn wir sind aufeinander angewiesen und wissen das auch. Wir verteufeln nicht alles, was unsere Eltern gemacht haben, was die Generation meiner Eltern noch gemacht hat: Alles, was von den Älteren kam, war schlecht und musste erst mal infrage gestellt werden. Das machen wir ja nicht. Wir überlegen uns, wie können wir es besser machen. Wir handeln auch und wir suchen mehr den Dialog. Wir wissen, dass, wenn wir die Werte erreichen wollen, Sicherheit, Freiheit etc., dann sind wir mittlerweile so schlau, dann sagen wir: Wir müssen kooperieren! Wir lernen dazu! Wir lernen, obwohl wir das gar nicht merken. Wir überlegen uns im tagtäglichen Leben, wie wir besser wegkommen. Das muss nicht immer positiv sein ☺.

Autor: *Kommen wir zurück zu dir als Unternehmensgründer. Welche Initiative hast du ergriffen?*

Niklas: ACTUS hat mich ergriffen [lacht]. Ich wurde in meinem jungen Leben schon teilweise richtig gut und richtig schlecht geführt. Viel dazwischen gab es nicht. An die guten Erfahrungen möchte ich anknüpfen und Unternehmen bzw. den Führungskräften in den Unternehmen helfen, meine und kommende Generationen mit »guter« Führung zu begeistern und somit optimal zu führen. Dabei setze ich einerseits auf die nötige Initialisierung, um das Bewusstsein und das Mindset für das veränderte Führungsverständnis zu sensibilisieren, und auf ein Tool, das die Transferleistung in die alltägliche Führungsarbeit garantiert. Meine Lösung dafür heißt ACTUS.

Die Veränderung beginnt im Kopf, wird aber von uns tagtäglich mit unserer App begleitet. Wir haben gerade schon viel über die Veränderung der Arbeitswelt gesprochen. Wir sind der Überzeugung, dass Unternehmen, um am Markt zu bestehen und nicht von der Digitalisierung geschluckt zu werden, mehr als nur Glasfaserkabel ins Unternehmen legen lassen müssen. Ansprüche in der Führung müssen synchronisiert werden. Ganz praktisch bedeutet das: Wir bieten den Unternehmen mit ACTUS ein Werkzeug als eine in Software materialisierte Führungsphilosophie des zeit- und mitarbeitergerechten kooperativen Führungsstils und der Führungsphilosophie »die Führungskraft als Coach«. Funktionen wie unser Feedback-Guide, der Leading-Hub, der als persönlicher Assistent für die zwischenmenschlichen Beziehungen fungiert, und unser Stimmungsbarometer mit Live-Tracking schaffen eine neue digitale Nähe, die als *Ergänzung* zur persönlichen Kommunikation Bindung durch Verbindung schafft. Menschen kommen näher zusammen, haben Zeit für das Wesentliche. Das ist unser Ziel.

Autor: *Was verspricht du dir von deinem beruflichen Erfolg als Unternehmer?*

Niklas: Ich bin jetzt mal ganz klischeehaft: persönliche Verwirklichung. Da bin ich ein Prototyp meiner Generation. Ich möchte Verantwortung tragen und ich möchte durch meine Selbstständigkeit meine eigenen Vorstellungen verwirklichen und da auch eine gewisse Freiheit haben. Das bedeutet nicht, dass wir zwangsläufig eine Generation von Unternehmern sind. Ich glaube, das sind wir nicht! Wir sind eher eine Generation der sicheren Arbeitnehmer, aber nichtsdestotrotz wollen wir im Kleinen erreichen, was ich als Selbstständiger erreichen möchte: Ich möchte die Freiheit haben, meinen beruflichen Alltag zu gestalten, eigene Entscheidungen zu treffen. Ich verspreche mir von der Selbstständigkeit auch finanzielle Sicherheit. Dies tritt hinter den Selbstverwirklichungstrieb und die Vision, etwas zu verwirklichen. Daran zu arbeiten, ist die größte Motivation. Gleichzeitig gehen damit einher Punkte wie ein gewisses Abenteuer. So eine Selbstständigkeit ist ja auch ein Abenteuer, auf das man sich einlässt. So ein Abenteuer bringt viel Kommunikation, viel Kontakt mit Menschen. Viel Kontakt mit Menschen ist auch meine Motivation. Der Erfolg soll dann irgendwann dazu führen, dass man in einem Netzwerk abgesichert nach eigenen Vorstellungen zukunftsorientiert arbeiten kann.

Ich möchte nicht darauf angewiesen sein, dass ich, wenn ich eine gute Idee habe, zu meinem Arbeitgeber gehen muss, sondern ich möchte gute Ideen selbst umsetzen.

Autor: *Was folgt auf Arbeit 4.0?*

Niklas: Die Maschinen! [Lachen] Ich denke, dass wir wahrscheinlich zwangsläufig mehr und mehr weggehen von der klassischen Arbeit. Wir werden weniger im Büro sitzen und weniger produzieren. Es geht hin zu einer kompletten Kreativgesellschaft. Dass Menschen ihre Zeit nutzen, einfach nur noch Ideen zu entwickeln. Durch die Digitalisierung und den wissenschaftlichen Fortschritt werden viele Berufe, die wir jetzt noch kennen, in den nächsten

Jahrzehnten verschwinden. Das ist wertungsfrei und ein Schritt nach vorne. Wir werden vielmehr die Möglichkeit bekommen, uns Gedanken zu machen über unsere Innovation. Wir werden eine Innovationsgesellschaft, hoffe ich. Denn nur so werden wir voranschreiten, nur so wird es weitergehen in der Welt. Arbeit 4.0 ist nur eine Anpassung an den Status quo. Wir sind von dem Mindset schon weiter. Nur das Unternehmen und die Arbeit hinken hinterher. Arbeit 5.0 wird noch größere Umbrüche mit sich bringen: dass wir dort in einen Bereich reinkommen, wo die Arbeit, wie wir sie jetzt kennen, sich komplett ändern wird. Wir werden ganz weit weg sein von dem Nine-to-five-Job, wir werden mehr Mobilität erleben, wir werden enger zusammenwachsen. Ich hoffe, dass sich das trotz der aktuellen politischen Entwicklung fortsetzen wird. Durch Virtual Reality und andere Entwicklungen wird es ohne Probleme möglich sein, überall auf der Welt zusammenzuarbeiten, von unserem Wohnzimmer aus.

Autor: *Danke dir für das Gespräch und alles Gute auf dem Flug durch die Zeit!*

Ein zärtlicher Impuls zum Schluss

Wir kennen das alle von Silvester: die lebensverändernden Erkenntnisse, die von einer Sekunde auf die andere pronto umgesetzt werden. Ich hatte mich ja bereits über das Fitnesscenter-Phänomen zu Jahresbeginn ausgelassen.

Genauso kann es im Geschäftsbereich sein – da gibt es dann sogenannte Auftaktveranstaltungen, die eine neue Ära in der Unternehmensgeschichte einläuten. Der Musikbegriff »Auftakt« trifft die Noten auf den Kopf. Danach beginnt ein symphonisches Gewitter mit dem Ziel, den paradiesischen Zuständen näher zu kommen. Fragen Sie mal in Unternehmen, was die Mitarbeiter von Change halten. Da kann es passieren, dass hinter vorgehaltener Hand das Sprachverhalten in den restringierten Code der bildungsfernen Schichten abgleitet. Alternativ gibt es den inhaltsleeren Blick mit gleichzeitiger mentaler Abstumpfung.

Wie setzen Sie nun die in dieser Konflikt-Bibel beschriebenen Anregungen und Strategien so um, dass sie nicht auch gleich wieder ins Nirwana verpuffen?

Rettung naht durch einen Nobelpreisträger 2017, den Schubser Richard Thaler, der »wichtige psychologische Einsichten in der Wirtschaftswissenschaft vermittelt«, so das Vergabekomitee.

Da Richard nicht Timm Thaler als Sohn hat, muss alles auf Englisch sein: Seine Methode ist das Nudging! Das ist eine verhaltensökonomische Methode, die darauf baut, dass das Verhalten der Menschen vorhersagbar ist und deshalb beeinflusst werden kann – ganz ohne Verbote, Gebote oder ökonomische Anreize. Zum Beispiel durch abschreckende Bilder auf Zigarettenschachteln oder leckere Obstkörbe neben den kalorienreichen Dessertschälchen.

Kultstatus hat in dem Zusammenhang die berühmte Fliege in Männerpissoirs. 1999 kam ein Manager des Amsterdamer Flughafens Schiphol auf die Idee, auf den Keramikgrund einen Fliegensticker zu kleben. Grundannahme war, dass durch den männlichen Spieltrieb die Verunreinigung neben den Becken zurückgehen würde. Hat man dann zwar auch behauptet, aber gesicherte Erkenntnisse über solche Erhebungen sind nirgendwo zu finden. Die Kopenhagener Hauptpost ist da schon weiter – dicht über dem Wasserspiegel in der Schüssel sind Aufkleber angebracht, die beim Warmwerden folgenden Text freigeben: »Männer treffen immer und machen hinterher das Licht aus!« Den königlichen Strahl schießt das Gründerzentrum »Denkwerk« im nordrhein-westfälischen Herford ab: Auf der Multimediatoilette können Männer beim Wasserlassen Autos bei einem Autorennen steuern, Skifahrer lenken oder Fußbälle vom Elfmeterpunkt ins Tor schießen.

Wichtig ist, was hinten rauskommt, wenn man Erfahrungen von Kneipen in Großbritannien beim Zielpieseln Glauben schenkt: Der Getränkekonsum steigt um 30 Prozent bei Männern – wie gleichzeitig Dates dadurch gekillt werden, da schweigen dann mal wieder die Statistiker. Wie immer, wenn es interessant wird und das wirkliche Leben betrifft.

Genug herumschwadro-uriniert! Das Konfliktmanagement innerhalb eines Unternehmens zu ändern, geht nicht im Hauruckverfahren. Dazu sind die Verhaltensmuster zu lange eintrainiert und tief in der grauen Gehirnmasse zementiert.

Thaler hatte 40 Jahre Zeit, seine Idee zu entwickeln.

Mein Gedankenschubser, um zu einem gelungenen Konfliktmanagement zu finden, steht hier am Ende des Buches, weil es mein Start auf dieser Gedankenreise ist.

Einzeln betrachtet gehören die folgenden Kleinigkeiten in die Kategorien »Stuhlkreis«, »New-Age-Workshop« oder »Trainerklamotte«.

Auf den zweiten Blick sind sie behutsam und bieten allen Beteiligten die Chance, mitzumachen. Mit der individuellen Eigengeschwindigkeit und um einzelne Aspekte des wertschätzenden Umgangs miteinander zu trainieren. Gerade weil das nicht so hoch aufgehängt ist, können alle sich daran üben, gemeinsame Erfahrungen zu schaffen – von mir aus auch zusammen pinkeln gehen!

Jetzt sind die Genderfachleute und -leutinnen dran!

… … …

Die folgenden kleinen Impulse, zarte Nudging-Anstupser, versprechen auf längere Sicht Veränderungen:

- Regeln und kleine Sinnsprüche im ganzen Gebäude verteilen
- Stressfiguren an Getränkestationen, die zum Knuffen oder Boxen einladen und dann Peinigungslaute von sich geben
- Meckerkasten oder Sorgenecke einrichten
- Offiziell Bullshit-Bingo spielen
- den Running Gag des Tages finden
- Tagesordnungspunkt »Sonstiges« an den Anfang eines Meetings stellen
- mit einer Sanduhr Redezeiten limitieren
- in der Kantine Feedback über den Geschmack durch die Abgabe farbiger Chips am Ausgang einführen
- eigene Gelassenheitsskala am Arbeitsplatz installieren, sichtbar für alle

Schlusswort

Ich habe Sie in diesem Buch auf eine lange Reise zum Thema Konflikte mitgenommen. Von dem Anbeginn der Zeit durch die Jahrhunderte bis zu unserem Alltag im beruflichen und privaten Umfeld. Dabei habe ich Ihnen Hintergründe, Verknüpfungen und eine neue Kombination einzelner Elemente menschlicher Kommunikation dargestellt – die Konfliktnavigation.

Diese Gedanken als Kulturtechnik in unserer Gesellschaft zu verankern – das ist mein Ziel.

Marie von Ebner-Eschenbach wird der Satz zugeschrieben: »Der Klügere gibt nach! Eine traurige Wahrheit, sie begründet die Weltherrschaft der Dummheit.«

In meiner Gedankenwelt würde ich den zweiten Teil dieses Zitates verändern in »… sie begründet die Weltherrschaft des Streits!«

Literatur

Wenn Sie mich fragen würden, was ich alles über diesen Themen-komplex gelesen habe, wäre meine Antwort in Anlehnung an den alten Chuck-Norris-Witz: ALLES!

(Wie viele Klimmzüge schafft Chuck Norris? ALLE!)

Die folgenden Bücher haben mich in besonderem Maße inspiriert und das Fundament für meine Systematik gegossen:

Abrams, Jeffrey; Dorst, Doug (2015): S. – Das Schiff des Theseus. Köln: Kiepenheuer & Witsch.

Alexander, Matthew; Bruning, John R. (2008): How to break a terrorist. The U.S. interrogators who used brains, not brutality, to take down the deadliest man in Iraq. 1st Free Press hardcover ed. New York: Free Press.

Arnold, Hermann (2016): Wir sind Chef. Wie eine unsichtbare Revolution Unternehmen verändert. Version 0.9. Freiburg: Haufe.

Bandler, Richard; Grinder, John; Satir, Virginia (2002): Mit Familien reden. Gesprächsmuster und therapeutische Veränderung. 6. Aufl. Stuttgart: Pfeiffer bei Klett-Cotta.

Bark, Sascha (2012): Zur Produktivität sozialer Konflikte. Wiesbaden: Springer VS (VS College).

Berkel, Karl (2002): Konflikttraining. Konflikte verstehen, analysieren, bewältigen. 7., durchges. Aufl. Heidelberg: Sauer-Verlag (Arbeitshefte Führungspsychologie, 15).

Berne, Eric (2017): Spiele der Erwachsenen. Psychologie der menschlichen Beziehungen. Unter Mitarbeit von Wolfram Wagemuth. 18. Aufl. Reinbek bei Hamburg: Rowohlt-Taschenbuch-Verlag (rororo-Sachbuch, 61350).

Cialdini, Robert B.; Wengenroth, Matthias (2010): Die Psychologie des Überzeugens. Ein Lehrbuch für alle, die ihren Mitmenschen und sich selbst auf die Schliche kommen wollen. 6., vollst. überarb. und erg. Aufl. Bern: Huber (Psychologie Sachbuch).

Dobelli, Rolf (2012): Die Kunst des klaren Denkens. 52 Denkfehler, die Sie besser anderen überlassen. Ungekürzte Lizenzausg. Rheda-Wiedenbrück, Gütersloh: RM-Buch-und-Medien-Vertrieb.

Ekman, Paul; Friesen, Wallace V.; Hager, Joseph C. (2002): Facial action coding system. The manual. Salt Lake City, Utah: Research Nexus.

Ekman, Paul; Mania, Hubert; Havener, Thorsten (2014): Ich weiß, dass du lügst. Was Gesichter verraten. Dt. Erstausg., 5. Aufl. Reinbek b. Hamburg: Rowohlt-Taschenbuch-Verlag (rororo, 62718).

Europa-Universität Viadrina Frankfurt (Oder); PricewaterhouseCoopers AG Wirtschaftsprüfungsgesellschaft (2016): Konfliktmanagement in der deutschen Wirtschaft – Entwicklungen eines Jahrzehnts, Frankfurt am Main (2016).

Ferrari, Elisabeth (2015): Konflikte lösen mit Syst. Ein Handbuch. Aachen: Ferrarimedia (Syst-Organisationsberatung).

Förster, Anja; Kreuz, Peter (2008): Spuren statt Staub. Wie Wirtschaft Sinn macht. Berlin: Econ.

Fulda, Ludwig (1893): Sinngedichte. 2., verm. Aufl. Stuttgart: Cotta.

Geffroy, Edgar K.; Schulz, Benjamin (2016): Goodbye, McK… & Co. Welche Berater wir zukünftig brauchen. Und welche nicht. 2. Aufl. Offenbach am Main: GABAL Verlag.

Gladwell, Malcolm; Neubauer, Jürgen (2005): Blink! Die Macht des Moments. Frankfurt am Main: Campus Verlag.

Gladwell, Malcolm; Neubauer, Jürgen (2009): Überflieger. Warum manche Menschen erfolgreich sind – und andere nicht. Frankfurt am Main, New York: Campus Verlag.

Glasl, Friedrich (2013): Konfliktmanagement. Ein Handbuch für Führungskräfte, Beraterinnen und Berater. 11., aktual. Aufl. Bern, Stuttgart: Haupt Verlag; Verlag Freies Geistesleben.

Gläßer, Ulla; Kirchhoff, Lars; Wendenburg, Felix (Hg.) (2014): Konfliktmanagement in der Wirtschaft. Ansätze, Modelle, Systeme. Baden-Baden: Nomos (Interdisziplinäre Studien zu Mediation und Konfliktmanagement, 2).

Gris, Richard (2008): Die Weiterbildungslüge. Warum Seminare und Trainings Kapital vernichten und Karrieren knicken. Frankfurt am Main, New York: Campus Verlag.

Güntürkün, Onur; Schnabel, Ulrich (Hg.) (ca. 2015): Unser Gehirn. Wie wir denken, lernen und fühlen. Hamburg: Zeit-Akademie.

Hagemann, Tim (Hg.) (2017): Gestaltung des Sozial- und Gesundheitswesens im Zeitalter von Digitalisierung und technischer Assistenz. . Baden-Baden: Nomos Verlagsgesellschaft mbH & Co. KG.

Heitmeyer, Wilhelm; Hagan, John (2002): Internationales Handbuch der Gewaltforschung. Wiesbaden: VS Verlag für Sozialwissenschaften.

Jensen, Bill (2007): Radikal vereinfachen. Den Arbeitsalltag besser organisieren und sofort mehr erreichen. Limitierte Sonderausg. Frankfurt
am Main: Campus Verlag. (Strategien des Erfolgs / Hrsg. Handelsblatt;
Bd. 6).

Kaiser, Walter R. (2011): Die Schlange in uns. Warum und wie wir ver-
führbar sind. Norderstedt: Books on Demand.

KPMG AG Wirtschaftsprüfungsgesellschaft: Konfliktkostenstudie
2009 / 2012 als Download.

Krumm, Rainer (2012): 9 levels of value systems. Haiger: Werdewelt
Verlags- und Medienhaus-GmbH.

Lencioni, Patrick M. (2014): Die 5 Dysfunktionen eines Teams. Hobo-
ken: Wiley.

Linde, Boris von der; Heyde, Anke von der (2007): Psychologie für Führungskräfte. 2. Aufl. Freiburg: Haufe-Mediengruppe (Kienbaum).

Mandl, Heinz; Huber, Günter L. (Hg.) (1983): Emotion und Kognition.
München: Urban & Schwarzenberg (U-&-S-Psychologie).

Martin, Leo (2015): Ich stopp dich! Gefühlsterroristen erkennen und
ausschalten. Ein Ex-Agent im Einsatz gegen Nervenkiller. München:
Ariston-Verlag.

Navarro, Joe (2016): Der kleine Lügendetektor. Ein praktisches Handbuch. Weitere Beteiligte: Michael J. Diekmann. 3 CDs. München: mvg
Verlag.

Neijman, Rolf (2016): Wie die Welt miteinander Geschäfte macht. Und
ein Schmetterlingseffekt alles verändert. Osnabrück: TiBOT.Service-
Center.

Ofman, Daniel (2010): Hallo, ich da …?! Entdecke deine Kernqualitäten
mit dem Kernquadrat. Kiesby: deBoom-Verlag.

Patton, Bruce; Ury, William; Fisher, Roger (2004): Das Harvard-Konzept.
Der Klassiker der Verhandlungstechnik. 22. Aufl. Frankfurt am Main:
Campus Verlag.

Pfeffer, Jeffrey; Sutton, Robert I.; Stockfleth, Bettina von (2007): Harte
Fakten, gefährliche Halbwahrheiten & absoluter Unsinn. Berühmte
Managementthesen auf dem Prüfstand. München: Pearson Business.

Piccard, Bertrand (2015): Die richtige Flughöhe. Wie wir Ballast ab-
werfen und ein besseres Leben führen können. Unter Mitarbeit von
Dietlind Falk und Lisa Kögeböhn. 2. Aufl. München, Berlin, Zürich:
Piper.

Poortvliet, Rien; Huygen, Wil; Lüders-Knegtmans, Anneke (1989): Das
große Buch der Heinzelmännchen. Die ganze Wahrheit über Herkunft, Leben und Wirken des Zwergenvolkes. Frankfurt am Main,
Berlin: Ullstein (Ullstein-Buch, 20323).

Rapoport, Anatol; Schwarz, Günter (1976): Kämpfe, Spiele und Debatten. Darmstadt: Verlag Darmstädter Blätter.

Schmiel, Rolf (2014): Senkrechtstarter. Wie aus Frust und Niederlagen die größten Erfolge entstehen. Frankfurt am Main: Campus Verlag.

Schützeichel, Rainer (2006): Emotionen und Sozialtheorie. Disziplinäre Ansätze. Frankfurt am Main: Campus Verlag.

Seefelder, Günter (2014): Wie Sie Ihre Kanzlei vernichten ohne es zu merken. Weil im Schönbuch: HDS-Verlag.

Shaw, Julia (2017): Das trügerische Gedächtnis. Wie unser Gehirn Erinnerungen fälscht. Unter Mitarbeit von Christa Broermann. Lizenzausgabe für die Büchergilde Gutenberg. Frankfurt am Main, Zürich, Wien: Büchergilde Gutenberg.

Simmel, Georg; Rammstedt, Otthein (Hg.) (1992): Soziologie. Untersuchungen über die Formen der Vergesellschaftung. Frankfurt am Main: Suhrkamp (Suhrkamp-Taschenbuch Wissenschaft, 811).

Steiner, Claude; Perry, Paul (2006): Emotionale Kompetenz. 5. Aufl., ungekürzte Ausg. München: dtv (dtv, 36157).

Storch, Maja (2006): Embodiment. Die Wechselwirkung von Körper und Psyche verstehen und nutzen. Bern: Huber.

Süskind, Patrick (2006): Das Parfum. Die Geschichte eines Mörders. Zürich: Diogenes Verlag.

Vollmer, Lars (2017): Wie sich Menschen organisieren, wenn ihnen keiner sagt, was sie tun sollen. Berlin: intrinsify.me GmbH.

Watzlawick, Paul (2013): Anleitung zum Unglücklichsein. Taschenbuchsonderausg., 16. Aufl. München: Piper (Serie Piper, 4441).

Watzlawick, Paul; Beavin, Janet H.; Jackson, Don D. (2007): Menschliche Kommunikation. Formen, Störungen, Paradoxien. 11., unveränd. Aufl. Bern: Huber.

Weber, Peter (2005): Schwierige Gespräche kompetent bewältigen. Kritik-Gespräch, Schlechte-Nachrichten-Gespräch. Ein Praxisleitfaden für Führungskräfte. Lengerich: Pabst Science Publishers.

Wiseman, Richard (2008): Quirkologie. Die wissenschaftliche Erforschung unseres Alltags. Frankfurt am Main: Fischer Taschenbuch Verlag (Fischer-Taschenbücher, 17483).

Zweck, Axel; Holtmannspötter, Dirk (2015): Gesellschaftliche Veränderungen 2030. Ergebnisbericht 1. Düsseldorf: VDI Technologiezentrum (Zukünftige Technologien, 100).

Über den Autor

Christoph Maria Michalski ist seit 2010 Selbst-Unternehmer und als Konfliktnavigator und Gesellschafter von Start-ups zur Digital Transformation aktiv. Als Ex-Geschäftsführer eines Bildungsträgers mit über 700 Mitarbeitenden hat er von Expansion bis GmbH-Löschung (fast) alles mitgemacht – jedes graue Haar eine Erfahrung!

Der seniorable Querdenker beschäftigt sich vor allem mit Fragen um die Entstehung und das richtige Handhaben von Konflikten. Dabei verbindet er in seinen Lösungsvorschlägen kreative Ansätze mit methodischer Vielfalt und technischer Präzision. Basis dafür sind neben der unbändigen Neugier auch seine drei Hochschulabschlüsse als Diplom-Rhythmiklehrer, Diplom-Pädagoge Erwachsenenbildung und MSc in IKT-Management.

Einfluss auf seine Arbeit / Denkweise haben weiterhin seine Leidenschaft fürs Motorradfahren und die Zauberei (er ist Mitglied im Magischen Zirkel von Deutschland e.V.).

Präzision und Geschwindigkeit sind keine Hexerei!